普通高等教育人工智能与大数据系列教材

Hadoop 简明教程

刘科峰　编著

机械工业出版社

本书以 Hadoop 3.3.0 为核心，涵盖 Hadoop 生态系统的常用组件，主要介绍各组件的架构原理、Shell 命令、常用 API 及编程等，并配有较多例题。全书共 7 章，内容包含 Hadoop 概述、Hadoop 伪分布式安装、Hadoop 分布式文件系统 HDFS、分布式计算框架 MapReduce、分布式数据库 HBase、数据仓库 Hive 和内存计算框架 Spark，第 2 ~ 7 章还设计了相关实验。

本书可以作为高等院校大数据、计算机、应用统计等相关专业的教材，也可作为 Hadoop 爱好者的入门教程或自学参考用书。

本书配有电子课件，欢迎选用本书作教材的教师登录 www.cmpedu.com 注册后下载，或加微信 13910750469 索取。

图书在版编目（CIP）数据

Hadoop 简明教程/刘科峰编著. —北京：机械工业出版社，2022.12（2025.1 重印）

普通高等教育人工智能与大数据系列教材
ISBN 978-7-111-71991-5

Ⅰ.①H… Ⅱ.①刘… Ⅲ.①数据处理软件 – 高等学校 – 教材 Ⅳ.①TP274

中国版本图书馆 CIP 数据核字（2022）第 207505 号

机械工业出版社（北京市百万庄大街 22 号 邮政编码 100037）
策划编辑：吉 玲 责任编辑：吉 玲
责任校对：肖 琳 卢志坚 封面设计：张 静
责任印制：常天培
固安县铭成印刷有限公司印刷
2025 年 1 月第 1 版第 2 次印刷
184mm×260mm · 12 印张 · 296 千字
标准书号：ISBN 978-7-111-71991-5
定价：39.80 元

电话服务　　　　　　　　　网络服务
客服电话：010-88361066　　机 工 官 网：www.cmpbook.com
　　　　　010-88379833　　机 工 官 博：weibo.com/cmp1952
　　　　　010-68326294　　金 书 网：www.golden-book.com
封底无防伪标均为盗版　机工教育服务网：www.cmpedu.com

前　言

大数据时代的来临，带来了信息技术的巨大变革，并深刻影响着人们生活和社会生产的方方面面。Hadoop 是一个开源的、可运行于大规模集群上的分布式存储和计算的软件框架，用户可以在不了解分布式底层细节的情况下开发分布式程序，并能充分利用集群的威力进行高速运算和存储。大数据的核心技术就是 Hadoop 及其生态系统的常用组件，包括 HBase、Hive 和 Spark 等。

目前市面上虽然已有较多关于 Hadoop 的书籍，但是这些书籍大多是基于 Hadoop 2.X，而且偏重理论讲述，内容较多，学习难度较大，容易打击初学者的学习积极性，让其难以入门。本书以 Hadoop 3.3.0 为核心，涵盖 Hadoop 生态系统的常用组件，内容新颖，可操作性强，讲解通俗易懂，能使读者在较短的时间内掌握 Hadoop 大数据技术。

本书特色

1. 容易入门

相对于其他书籍，本书增加 Linux 基础知识和 Linux 基本命令，不熟悉 Linux 的读者也容易上手；对 Hadoop 及其他相关软件的安装和使用过程进行了详细描述，帮助读者渡过安装和使用相关软件的难关。

2. 版本新

随着时间的推移，Hadoop 及其生态系统的常用组件也在不断发展，版本不断更新，本书采用的软件版本较新，如 Hadoop 3.3.0、HBase 2.2.2、Hive 3.1.2、Spark 3.2.1 等。

3. 较多的应用实例

本书提供了较多的应用实例，以便帮助读者理论联系实际，快速地掌握 Hadoop 及其生态系统的常用组件的编程技术。

4. 图文并茂

"一图胜千言"，全书共有两百多幅插图，用于展示语言难以描述的内容。

适合阅读本书的读者

（1）高等院校、中职学校的师生。

（2）Hadoop 大数据技术初学者。

（3）Hadoop 大数据应用开发人员。

致谢

在本书的编写过程中，得到了厦门大学林子雨副教授的大力帮助，还得到了广东时汇信息科技有限公司和广东泰迪智能科技股份有限公司的帮助，在此一并表示衷心的感谢。非常感谢机械工业出版社吉玲编辑,她专业细致的工作方式,给编者留下了深刻的印象。

　　由于编者水平有限,编写时间仓促,书中的错误和疏漏在所难免,恳请广大读者提出宝贵意见和建议。联系邮箱:lkf547@163.com。

编者

于广东工业大学

目 录 Contents

第1章

Hadoop 概述

Hadoop 是一个开源的、可运行于大规模集群上的分布式存储和计算的软件框架。其优势是用户可以在不了解分布式底层细节的情况下，开发分布式程序；充分利用集群的威力进行高速运算和存储。Hadoop 在业内得到了广泛的应用，已成为大数据的代名词。

本章首先介绍大数据和 Hadoop 发展过程、Hadoop 特性，然后阐述了 Hadoop 核心组件，最后详细介绍了 Hadoop 生态系统及其各个组件。

1.1 大数据简介

数据是新时代重要的生产要素，是国家基础性战略资源。大数据是数据的集合，以容量大、类型多、速度快、精度准、价值高为主要特征。大数据时代带来了信息技术的巨大变革，并深刻影响着人们生活和社会生产的方方面面。全球范围内，各国政府均高度重视大数据技术的研究和产业的发展，纷纷把大数据上升为国家战略并加以重点推进。

2021 年 11 月 15 日，工业和信息化部印发了《"十四五"大数据产业发展规划》。该规划明确提到了：大数据是推动经济转型发展的新动力，是提升政府治理能力的新途径，是重塑国家竞争优势的新机遇。大数据产业是以数据生成、采集、存储、加工、分析、服务为主的战略性新兴产业，是激活数据要素潜能的关键支撑，是加快经济社会发展质量变革、效率变革、动力变革的重要引擎。"十四五"时期是我国工业经济向数字经济迈进的关键时期，对大数据产业发展提出了新的要求，产业将步入集成创新、快速发展、深度应用、结构优化的新阶段。

我国的互联网企业和学术机构正加大技术、资金和人员投入力度，加强对大数据关键技术的研发和应用，以期在大数据产业发展中占得先机、引领市场。

Hadoop 及其生态系统作为成功的大数据系统项目，得到了广泛应用。

1.2 Hadoop 简介

随着大数据时代的来临，各种数据的存量和增量都非常大，大量数据蕴含的价值成为人们关注的焦点，很多情况下人们需要能够对 TB 级，甚至 PB 级数据集进行处理。然而单机的存储和计算能力非常有限，支持分布式存储和计算的 Hadoop 应运而生。

Hadoop 是 Apache 软件基金会开发的分布式系统基础架构，充分利用集群的威力进行高速运算和存储。用户可以在不了解分布式底层细节的情况下，开发分布式程序。Hadoop 是基于 Java 语言开发的，具有很好的跨平台特性，并且可以部署在廉价的计算机集群中。

Hadoop 1.0 框架核心组件包括 HDFS 和 MapReduce。HDFS 为海量的数据提供了分布式存储，而 MapReduce 为海量的数据提供了分布式计算。

谈到 Hadoop 的起源，就不得不提 3 篇著名论文：*The Google File System*，*MapReduce：Simplified Data Processing on Large Clusters*，*Bigtable：A Distributed Storage System for Structured Data*。虽然没有这 3 个产品的源码，但是这 3 个产品的详细设计论文已被发布，奠定了风靡全球的大数据算法基础。

Hadoop 来源于 Apache Lucene 项目的创始人 Doug Cutting 开发的文本搜索库。Apache Nutch（一个开源的网络搜索引擎）是 Hadoop 的源头，也是 Apache Lucene 项目的一部分。该项目始于 2002 年，Apache Nutch 项目遇到了棘手的难题，该搜索引擎框架无法扩展到拥有数十亿网页的网络。2003 年发表的 *The Google File System* 可以解决大规模数据存储的问题。于是，2004 年，Apache Nutch 根据 *The Google File System* 提供的思路开发了自己的分布式文件系统（Nutch Distributed File System，NDFS），也就是 HDFS 的前身。

2004 年发表的 *MapReduce：Simplified Data Processing on Large Clusters* 论文阐述了大数据的分布式计算方式。2005 年，Apache Nutch 开源实现了 MapReduce。

2006 年 2 月，Apache Nutch 项目中的 NDFS 和 MapReduce 开始独立出来，成为 Apache Lucene 项目的一个子项目。2008 年 1 月，Hadoop 正式成为 Apache 顶级项目，逐渐被雅虎之外的其他公司使用。

2008 年 4 月，Hadoop 打破世界纪录，成为最快排序 1TB 数据的系统。它采用一个由 910 个节点构成的集群进行运算，排序时间只用了 209s。2009 年 5 月，Hadoop 更是把 1TB 数据排序时间缩短到 62s。Hadoop 从此名声大震，迅速发展成为大数据时代最具影响力的开源分布式开发平台，并成为事实上的大数据处理标准。几乎所有主流厂商都围绕 Hadoop 提供开发工具、开源软件、商业化工具和技术服务，如谷歌、华为、百度、淘宝、雅虎、微软、思科等。

1.3 Hadoop 特性

Hadoop 是一个分布式系统基础架构，能对海量数据进行处理，并且是以一种高效、可靠、可伸缩的方式进行处理。它具有以下几个方面的特性：

（1）高可扩展性。Hadoop 是一个高度可扩展的存储平台，可以高效稳定地运行在廉价的计算机集群上，可扩展到数以千计的计算机节点上。

（2）成本低。Hadoop 为企业用户提供了极具成本效益的存储解决方案。Hadoop 采用廉价的计算机组成集群，成本比较低。Hadoop 是开源的，在 Linux 操作系统上运行，项目的软件成本也低。

（3）高可靠性。Hadoop 采用冗余数据存储方式，自动维护多份数据副本，假设计算任务失败，Hadoop 能够针对失败的节点重新分布处理。

（4）高效性。Hadoop 可以在数据所在的节点上并行处理，这使得处理非常快速高效。Hadoop 能够在节点之间动态地移动数据，并保证各个节点的动态平衡，因此处理效率较高。

（5）高容错性。使用 Hadoop 的一个关键优势就是具有很强的容错能力。Hadoop 采用冗余数据存储方式，当数据被发送到一个节点时，该数据也被复制到集群的其他节点上，这意味着在发生故障情况下，存在另一个或多个副本可供使用。

Hadoop 能自动地维护数据的多份副本，一般默认备份为 3 份，一旦某个节点上的数据损坏或丢失，立刻将失败的任务重新分配，并且在计算任务失败后能自动地重新部署计算任务。

1.4 Hadoop 核心组件

Hadoop 分布式文件系统（Hadoop Distributed File System，HDFS）、MapReduce 和另一种资源协调者（Yet Another Resource Negotiator，YARN）是 Hadoop 的三大核心组件。Hadoop 的体系结构主要是通过 HDFS 来实现对分布式存储的底层支持，通过 MapReduce 来实现对分布式并行任务处理的程序支持，YARN 是 Hadoop 的一种资源管理器。

1.4.1 HDFS

HDFS 通过网络实现文件在多台计算机上分布式存储，较好地满足了海量数据的高效存储需求。HDFS 是一个高度容错性的系统，适合部署在廉价的机器上。HDFS 支持以流式数据访问模式来存取超大文件，能提供高吞吐量的数据访问，非常适合海量数据集上的应用。

1.4.2 MapReduce

MapReduce 是一种并行编程模型，主要用于海量数据的并行运算。基于它写出来的应用程序能够运行在由大量廉价机器组成的集群上，并以一种可靠的方式并行处理 TB 级别的数据集。

MapReduce 采用"分而治之"策略，将一个存储在分布式文件系统中的大规模数据集切分成许多独立的分片（split），这些分片可以被多个 Map 任务并行处理；Map 任务生成的结果会继续作为 Reduce 任务的输入，由 Reduce 任务进行规约处理，从而形成最终的结果。它给分布式编程带来了极大的方便，软件开发人员可以在不会分布式并行编程的情况下，将自己的程序运行在分布式系统上，完成大数据集的计算。

1.4.3 YARN

YARN 是一种新的 Hadoop 资源管理器。它是一个通用资源管理系统，可为上层应用提供统一的资源管理和调度，它的引入为集群在资源利用率、资源统一管理和数据共享等方面带来了很大好处。

YARN 采用主从架构（Master/Slave），包括 ResourceManager、ApplicationMaster 和 Node-Manager 3 个核心组件。ResourceManager 运行在主节点，负责整个集群的资源管理和分配。每个应用程序拥有一个 ApplicationMaster，ApplicationMaster 管理一个在 YARN 内运行的应用程序实例，负责申请资源、任务调度和任务监控。NodeManager 运行在从节点，整个集群有多个 NodeManager，负责单节点资源的管理和使用。

1.5 Hadoop 生态系统

经过多年的发展，Hadoop 生态系统不断完善和成熟。除了前面介绍的 HDFS、MapReduce 和 YARN 3 大核心组件之外，Hadoop 生态系统还有许多组件，如图 1-1 所示。这些组件各有特点，共同为 Hadoop 的相关工程服务。下面介绍 Hadoop 生态系统中的常用组件。

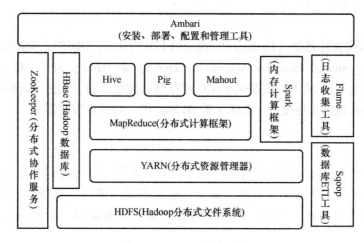

图 1-1　Hadoop 生态系统

1.5.1 HBase

Hadoop 数据库（Hadoop DataBase，HBase）是一种非关系型数据库，是一个针对非结构化数据的可伸缩、高可靠、高性能、分布式和面向列的开源数据库，一般采用 HDFS 作为底层数据存储系统。HBase 是针对 Google Bigtable 的开源实现，两者采用相同数据模型，具有强大的非结构化数据存储能力。HBase 使用 ZooKeeper 进行管理，它保障查询速度的一个关键因素就是 RowKey 的设计是否合理。HBase 中保存的数据可以使用 MapReduce 来处理，它将数据存储和并行计算完美地结合在一起。

1.5.2 Hive

Hive 是一个基于 Hadoop 的数据仓库工具，最早由 Facebook 公司开发并使用。Hive 可以将结构化的数据文件映射为一张数据库表，并提供 SQL 查询功能，这套 SQL 称为 HiveQL（Hive Query Language）。当采用 MapReduce 作为执行引擎时，Hive 能将 HiveQL 转换成一系列 MapReduce 任务，并提交到 Hadoop 集群上运行。Hive 大大降低了学习门槛，同时提升了开发效率，非常适合数据仓库的统计分析。

1.5.3 Pig

Pig 是一种数据流语言和运行环境，用于检索大规模的数据集。Pig 定义了一种数据流语言——Pig Latin，将脚本转换为 MapReduce 任务在 Hadoop 上执行，适合于使用 Hadoop 平台来查询大型半结构化数据集。Pig 可以简化 Hadoop 的使用。

1.5.4　Spark

Spark 是专为大规模数据处理而设计的快速通用的计算引擎。Spark 最初由美国加利福尼亚大学伯克利分校的 AMP 实验室于 2009 年开发，是基于内存计算的大数据并行计算框架，可用于构建大型的、低延迟的数据分析应用程序。Spark 不同于 MapReduce，它的 Job 中间输出结果可以保存在内存中，从而大大提高迭代运算效率，因此 Spark 能更好地适用于数据挖掘与机器学习等需要迭代的算法。

1.5.5　ZooKeeper

ZooKeeper 是一个开源的分布式应用程序协作框架，是 Google Chubby 的开源的实现，能为大型分布式系统提供高效且可靠的分布式协调服务，提供的功能包括配置维护、统一命名、分布式同步、集群管理等。ZooKeeper 可用于 Hadoop、HBase、Kafka 等大型分布式开源系统，比如 HBase 高可用性、HDFS NameNode HA 自动切换等都是通过 ZooKeeper 来实现的。

1.5.6　Sqoop

Sqoop（SQL to Hadoop）主要用于关系数据库和 Hadoop 之间传输数据。通过 Sqoop 可以将数据从关系型数据库（MySQL、Oracle 等）导入到 Hadoop 生态系统（HDFS、HBase、Hive 等），也可以将数据从 Hadoop 生态系统导出到关系型数据库。导入导出过程由 MapReduce 计算框架实现，非常高效。

1.5.7　Flume

Flume 是由 Cloudera 公司提供的一个高可用、高可靠、分布式的海量日志采集、聚合和传输的系统。Flume 支持在日志系统中定制各类数据发送方，从而支持收集各种不同协议数据。同时，Flume 提供对数据进行简单处理的能力，如过滤、格式转换等。

1.5.8　Mahout

Mahout 是 Apache 软件基金会旗下的一个开源项目，提供一些可扩展的机器学习领域经典算法的实现，旨在帮助开发人员更加方便快捷地创建智能应用程序。Mahout 包含许多实现，包括聚类、分类、推荐过滤、频繁子项挖掘。此外，通过使用 Apache Hadoop 库，Mahout 可以有效地扩展到 Hadoop 云平台中。

1.5.9　Ambari

Apache Ambari 是一个基于 Web 的工具，支持 Apache Hadoop 集群的安装、部署、配置和管理。Ambari 目前已支持大多数 Hadoop 组件，包括 HDFS、MapReduce、Hive、Pig、HBase、ZooKeeper、Sqoop 等。

1.6　本章小结

本章首先对大数据和 Hadoop 进行简单的介绍，使读者了解大数据、Hadoop 的发展过程和 Hadoop 的特性。然后介绍 Hadoop 的 3 个核心组件 HDFS、MapReduce 和 YARN。最后介绍了 Hadoop 生态系统及其各个组件。通过本章的学习，读者能够对 Hadoop 有一个初步的认识，为后续内容的学习做好铺垫。

习　　题

1-1　试述 Hadoop 的特性。

1-2　试述 Hadoop 的核心组件及各组件的功能。

第 2 章

Hadoop 伪分布式安装

Hadoop 安装是使用 Hadoop 的前提。Hadoop 的安装可以分为 3 种模式: 单机模式、伪分布式模式和完全分布式模式。在单机模式下, Hadoop 只在一台机器上运行, 没有采用分布式文件系统 (HDFS)。在完全分布式模式下, HDFS 的 NameNode (名称节点) 和 DataNode (数据节点) 位于不同机器上, 对计算机性能要求较高。伪分布式模式模拟集群环境, 采用分布式文件系统, Hadoop 进程以分离的 Java 进程来运行, 节点既作为 NameNode 又作为 DataNode, 是完全分布式模式的一个特例, 通常用来调试 Hadoop 分布式程序的代码。伪分布式模式对计算机性能要求不高、安装简单, 又能运行分布式程序, 因而成为初学者的首选安装模式。

本章首先介绍 Linux 操作系统的基础知识, 然后介绍 VMware Workstation 安装方法和 CentOS 7 的安装和配置方法。最后介绍在 CentOS 7 上伪分布式安装与配置 Hadoop 3.3.0 的方法。

2.1 Linux 操作系统

Hadoop 集群一般运行在 Linux 操作系统上, 因此本节介绍 Linux 操作系统的基础知识, 包括 Linux 的产生、Linux 的组成、Linux 的发行版本和 Linux 基本命令等。

2.1.1 概述

芬兰赫尔辛基大学的学生 Linus Torvalds 想设计一个代替 Minix (由荷兰的 Andrew Tanenbaum 教授编写的一个操作系统示教程序) 并具有 UNIX 功能的操作系统。1991 年, Linus Torvalds 在他的个人计算机上开发了属于自己的第一个程序, 并发布了他开发的源代码, 将其命名为 Linux, 互联网上的任何人在任何地方都可以得到 Linux 的基本文件, 并可以通过电子邮件发表评论或提供修正代码。大量的热心者上传了代码和发表了评论, 从而使 Linux 操作系统在不到 3 年的时间里成为一个功能完善、稳定可靠的操作系统。

Linux 操作系统是一套可自由传播和免费使用的类 UNIX 操作系统, 是一个多任务、多用户、支持多线程和多处理器的操作系统。它能运行主要的 UNIX 应用程序、工具软件和网络协议。它支持 64 位和 32 位硬件设备。Linux 操作系统继承了 UNIX 以网络为核心的设计思想, 是一个性能稳定的网络操作系统。

2.1.2 Linux 的组成

Linux 操作系统一般有 4 个主要部分: 内核、shell、文件系统和应用程序。内核、shell

和文件系统一起形成了基本的操作系统结构，它们使得用户可以运行程序、管理文件和使用系统。

1. 内核

内核是操作系统的核心，具有很多基本功能，它负责控制硬件设备、文件系统、进程调度以及其他工作，决定着系统的性能和稳定性。

一个内核不是一套完整的操作系统。Linux 内核由存储管理、CPU 和进程管理、设备驱动程序、文件系统和网络管理，以及系统引导、系统调用等组成。

2. shell

shell 的原意是外壳，用来形容物体外部的架构。Linux 操作系统的 shell 作为操作系统的外壳，为用户提供了使用操作系统的接口。它接收用户输入的命令并送入内核去执行，是一个命令解释器。另外，shell 编程语言具有普通编程语言的很多特点，比如它也有循环结构和分支控制结构等，用这种编程语言编写的 shell 程序与其他应用程序具有同样的效果。

3. 文件系统

文件系统是操作系统的重要组成部分，也是用户与计算机系统交互的最直接的载体，主要负责管理磁盘文件的输入/输出。

文件通过目录方式进行组织，目录结构是文件存放在磁盘等存储设备上的组织方式。目录提供了管理文件的一个方便而有效的途径。

Linux 操作系统的目录采用多级树形结构。最上层是根目录，其他的所有目录都是从根目录出发而生成的。图 2-1 所示为这种树形结构目录。

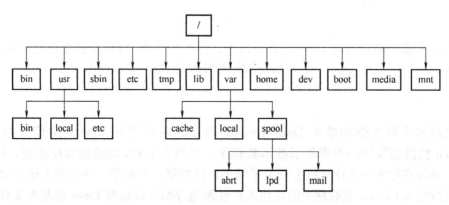

图 2-1 Linux 操作系统的树形结构目录

表 2-1 给出了 Linux 操作系统目录的用途。

表 2-1 Linux 操作系统目录的用途

目录	用途
/	根目录，Linux 文件系统的入口
/bin	bin 是 binary 的缩写，二进制文件，即可执行程序。里面存放着最基础、最常用的命令，如 ls、cat、cp 等命令，可以被 root 和普通用户所使用
/boot	引导目录，存放的是开机使用的文件，包括 Linux 核心文件、开机选择、开机所需设定文件等

目录	用途
/dev	dev 是 device 的缩写，该目录下存放所有的设备文件，只要通过存取这个目录下的某个文件，就等于存取某个设备
/etc	存放绝大部分的系统配置文件，如人员账号密码文件、各种服务的起始文件等
/home	系统预设的用户家目录。在 Linux 操作系统中，每个用户都有一个自己的家目录，一般该目录名是以用户的账号命名的，当新增一个普通用户账号时，用户家目录会创建在这里
/usr	Linux 操作系统中最大的目录之一，该目录中主要存放不经常变化的数据，以及系统下安装的应用程序。其中包含： /usr/x11R6：存放 X Windows 系统的目录 /usr/bin：绝大部分的应用程序 /usr/sbin：超级用户的一些管理程序 /usr/include：存放 Linux 下开发和编译应用程序所需要的头文件 /usr/doc：存放 Linux 文档 /usr/lib：存放可执行文件所需的库文件 /usr/man：帮助文档 /usr/src：源代码，Linux 内核的源代码就放在/usr/src/linux 里
/tmp	存放临时文件，任何用户都能够访问，需要定期清理，重要文件不要放置在此目录下
/lib	存放启动时用到的库函数，以及在/bin 或/sbin 下面的指令调用的库函数
/root	系统管理员（root）的家目录
/sbin	s 就是 Super User 的意思，这里存放的是系统管理员使用的系统管理程序
/lost + found	这个目录一般情况下是空的，用于在文件系统发生错误时，保留一些遗留的文件片段
/mnt	放置临时挂载的设备
/var	存放经常发生变化的文件，包括缓存文件（Cache）、日志文件（Log File）及某些软件运行产生的文件等
/media	Linux 操作系统会自动识别一些设备，如 U 盘、光驱等，当识别后，Linux 操作系统会把识别的设备挂载到这个目录下

4. 应用程序

经过多年的发展和积累，软件开发人员为开发源码领域贡献了无数优秀的应用程序。Linux 操作系统下的应用软件已经非常丰富，不仅功能全面，而且性能卓越。

标准的 Linux 操作系统一般都有一套称为应用程序的程序集，它包括文本编辑器、编程语言、X Window、办公套件、Internet 工具和数据库等。

2.1.3 Linux 的内核版本与发行版本

市面上存在着许多不同的 Linux 版本，但它们都使用了 Linux 内核。不同的厂商把发布的内核和相关的应用程序组织构成一个完整操作系统，让普通用户可以简便地安装和使用 Linux。这就是不同的发行版本。目前世界上有数百种不同的发行版本。系统内核版本号与发行版本号是相对独立的，发行版本号随着发布者的不同而不同。

常见的 Linux 发行版本有 Red Hat Linux、CentOS 及 Ubuntu Linux 等。编者采用的 Linux 为社区企业操作系统（Community Enterprise Operating System，CentOS），CentOS 是 Red Hat Enterprise Linux 释出的源代码所编译而成，读者也可以使用其他的 Linux 操作系统。

2.1.4 Linux 基本命令

Linux 命令是对 Linux 操作系统进行管理的命令。对 Linux 操作系统来说，无论是 CPU、内存、磁盘驱动器、键盘、鼠标，还是用户等都是文件，Linux 操作系统管理的命令是它正常运行的核心。Linux 操作系统有很多命令，下面介绍基本命令。

1. cd 命令

cd 命令用于切换当前工作目录。它的参数是要切换到的目录的路径，可以是绝对路径，也可以是相对路径。"."表示当前所在的目录，".."表示当前目录位置的上一层目录。例如：

```
cd /user/data        #切换到目录/user/data
cd ./path            #切换到当前目录下的 path 目录中
cd ..                #返回上层目录
```

2. ls 命令

ls 命令用于显示指定工作目录下的文件及目录，它的参数较多。例如：

-a：显示所有文件及目录（. 开头的隐藏文件也会列出）。

-d：仅列出目录本身，而不是列出目录的文件数据。

-h：将文件容量以较易读的方式（GB、KB 等）列出来。

-l：列出文件详细信息。

-R：连同子目录的内容一起列出（递归列出），等于该目录下的所有文件都会显示出来。

上述参数可以组合使用。例如：

```
ls -l        #列出当前目录下的文件和目录的详细信息
ls -aR       #列出当前目录和子目录下的所有文件
```

3. pwd 命令

pwd 命令用于显示当前目录的绝对路径。

4. mkdir 命令

mkdir 命令用于创建目录。常用选项为-p，表示创建一个路径上不存在的目录。例如：

```
mkdir  a           #在当前目录下创建一个名为 a 的目录
mkdir  /temp       #在根目录下创建一个名为 temp 的目录
mkdir -p d1/d2/d3  #在先前不存在的 d1/d2/路径下创建目录 d3
```

5. cat 命令

cat 命令用于查看文本文件的内容，后接要查看的文件名。例如：

```
cat /user/data/a.txt  #查看/user/data/路径下 a.txt 文件内容
```

6. mv 命令

mv 命令用于移动文件、目录或更名，是单词 move 的缩写。常用参数如下：

-f：如果指定移动的源目录或文件与目标的目录或文件同名，则不会询问，直接覆盖旧文件。

-i：若指定移动的源目录或文件与目标的目录或文件同名，则会询问是否覆盖，输入"y"表示覆盖，输入"n"表示取消该操作。

-u：当源文件比目标文件新或者目标文件不存在时，执行移动操作。

例如：

```
mv a1 b1              #将文件 a1 改名为 b1
mv a.txt /user/data   #将当前路径下的 a.txt 移动到/user/data 路径下
```

7. cp 命令

cp 命令主要用于复制文件或目录，是单词 copy 的缩写，它可以把多个文件一次性地复制到一个目录下。常用参数如下：

-f：覆盖已经存在的目标文件或目录，而不给出提示。

-i：与-f 选项相反，在覆盖目标文件之前给出提示。

-p：连同文件的属性一起复制。

-r：递归复制，将指定目录下的所有文件与子目录一并复制。

例如：

```
cp a.txt /user/data   #将当前路径下的 a.txt 复制到/user/data 路径下
cp f1 f2 f3 dir1      #将文件 f1、f2、f3 复制到目录 dir1 中
```

8. rm 命令

rm 命令用于删除一个文件或者目录，是单词 remove 的缩写。常用参数如下：

-f：就是 force 的意思，忽略不存在的文件，不会出现警告信息。

-i：互动模式，在删除前会询问用户是否删除。

-r：递归删除，常用于目录删除，递归地删除指定目录及下属的各级子目录和相应的文件。它是一个非常危险的参数，慎用。

例如：

```
rm -i a.txt           #删除当前目录下的 a.txt,删除前询问是否删除
rm -fr dir            #强制删除目录 dir 中的所有文件,并删除该目录
```

9. tar 命令

tar 命令是常用的打包程序，默认情况并不会压缩，如果指定了相应的参数，则会调用相应的压缩程序（如 gzip 和 bzip 等）进行压缩和解压。常用参数如下：

-c：新建打包文件。

-f filename：指定被处理的文件是 filename。

-v：在压缩或解压过程中，显示正在处理的文件名。

-x：从 tar 包中把文件提取出来。

-z：支持 gzip 压缩或解压文件。

例如：

```
tar -zxvf  jdk-7u71-linux-x64.gz   #解压 jdk-7u71-linux-x64.gz
```

10. ifconfig 命令

ifconfig 命令用于显示或配置网络设备（网络接口卡）的命令。常用参数如下：

-a：显示全部接口信息。

-s：显示摘要信息。

<interface> address：为网卡设置 IPv4 地址。

例如：

```
ifconfig                              #查看网络情况
ifconfig eth0 192.168.5.8 netmask 255.255.255.0
                                      #为 eth0 配置 IPv4 地址
```

11. shutdown 命令

shutdown 命令可以用来进行重启或关机操作。常用参数如下：

-r：关机后重启计算机。

-h：关机后停机。

time：设定关机的时间。

例如：

```
shutdown -h now          #立刻关机
shutdown -h 8:30         #在 8:30 关机
shutdown -r +5           #5 分钟后关机并重启计算机
```

2.2　CentOS 的安装

对于 Hadoop 初学者，建议在 Windows 操作系统上安装虚拟机软件，并在其上创建 Linux 虚拟机。编者采用 VMware Workstation 作为虚拟机软件，初学者也可采用其他虚拟机软件，如 VirtualBox 等。

2.2.1　安装 VMware Workstation

VMware Workstation（中文名"威睿工作站"）是一款功能强大的桌面虚拟计算机软件，它允许一台真实的计算机在一个操作系统中同时安装并运行多个操作系统，并帮助用户在多个宿主计算机之间管理或移植 VMware 虚拟机。

可从网络下载或购买 VMware Workstation。下面以 VMware Workstation 15.5 为例，介绍 VMware Workstation 的安装方法。

双击 VMware-workstation-full-15.5.2-15785246.exe 开始安装，如图 2-2 所示。

安装程序首先检测系统，完成后出现"欢迎使用"界面，如图 2-3 所示。

单击"下一步"按钮，显示"VMWARE 最终用户许可协议"界面，如图 2-4 所示。勾选"我接受许可协议中的条款(A)"，再单击"下一步"按钮，出现如图 2-5 所示的"自定义安装"界面。

图 2-2　VMware-workstation-full-15.5.2-15785246.exe 所在目录

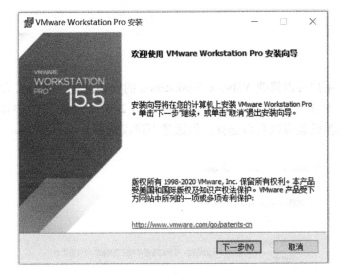

图 2-3　"欢迎使用"界面

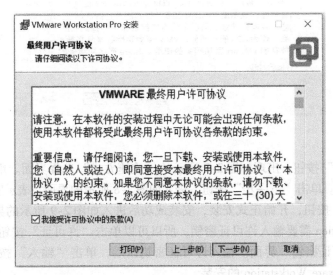

图 2-4　"VMWARE 最终用户许可协议"界面

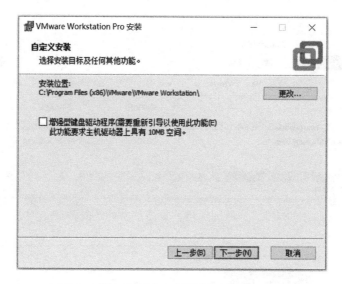

图2-5 "自定义安装"界面

在图2-5中，用户可以修改 VMware Workstation 的安装位置。如果 C 盘空间较大，建议不修改安装位置，单击"下一步"按钮，出现如图 2-6 所示的"用户体验设置"界面。图 2-6 中的用户体验设置可以自行选择，但通常不建议选择。

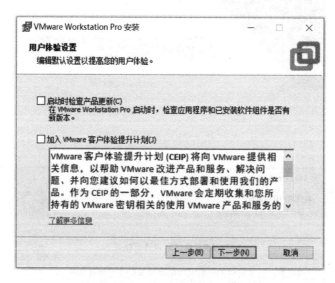

图2-6 "用户体验设置"界面

单击"下一步"按钮，出现如图 2-7 所示的"快捷方式"选择界面。用户可根据自己的使用习惯进行选择。单击"下一步"按钮，进入如图 2-8 所示的界面，表示安装准备就绪。

单击"安装"按钮，开始正式安装，安装成功后进入如图 2-9 所示的界面。由于首次启动 VMware Workstation 需要输入许可证密钥，所以可以单击"许可证"按钮，进入如图 2-10 所示的"输入许可证密钥"界面。输入许可证密钥以后，单击"输入"按钮，再单击"完成"按钮完成 VMware Workstation 的安装。

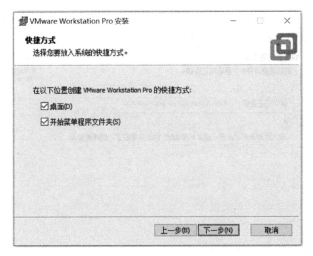

图 2-7　"快捷方式"选择界面

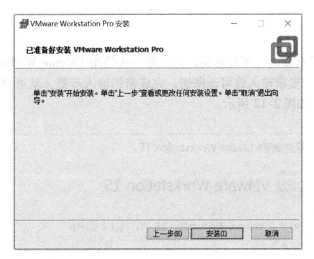

图 2-8　安装准备就绪提示

图 2-9　安装成功提示

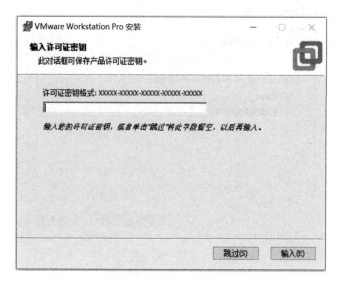

图 2-10 "输入许可证密钥"界面

如果在安装时没有输入许可证密钥，则在第一次使用 VMware Workstation 时就会跳转到如图 2-11 所示界面，要求输入许可证密钥。完成密钥输入步骤，就可以进入 VMware Workstation 运行主界面，如图 2-12 所示。

图 2-11 第一次启动时要求输入许可证密钥

2.2.2 在 VMware 上安装 CentOS 7

不同版本的 CentOS 安装方法略有不同，下面以 CentOS-7-x86_64-DVD-2009 为例，介绍 CentOS 的安装方法。

图 2-12　VMware Workstation 运行主界面

首先下载 CentOS，可从链接 http://isoredirect. centos. org/centos/7/isos/x86 _64/下载 CentOS 镜像文件，文件大小超过 4GB。然后在计算机硬盘上找一个剩余空间在 50GB 以上的分区，创建安装路径，如 E:\CentOSaz。

启动 VMware Workstation，选择"创建新的虚拟机"，即会弹出向导，如图 2-13 所示。选择"自定义(高级)(C)"，单击"下一步"按钮。

图 2-13　新建虚拟机

在弹出的界面中进行虚拟机兼容性选择，如图 2-14 所示。保持默认设置，单击"下一步"按钮。

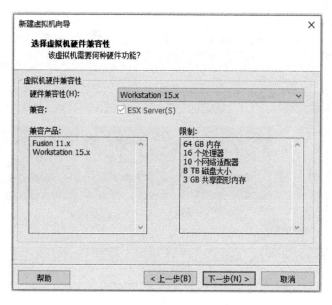

图 2-14　虚拟机兼容性选择

在弹出的界面中选择"安装程序光盘映像文件（iso）（M）"，单击"浏览"按钮，找到安装映像文件 CentOS-7-x86_64-DVD-2009.iso，单击"打开"按钮，结果如图 2-15 所示。

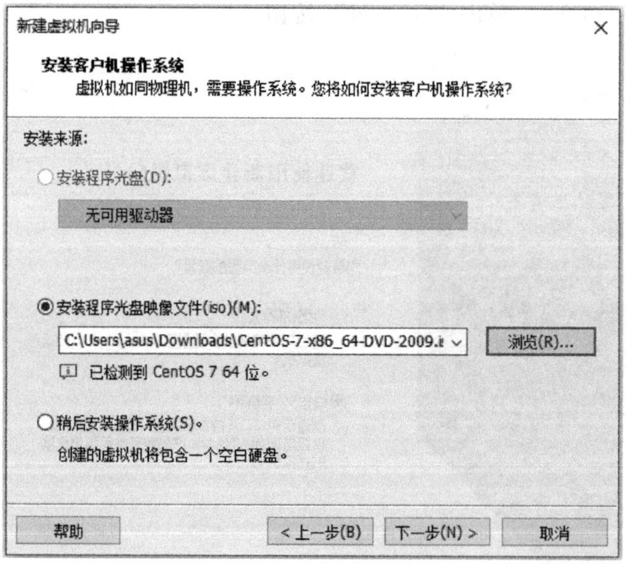

图 2-15　选择光盘映像文件

单击"下一步"按钮，输入虚拟机名称，在"位置"处单击"浏览"按钮，选择已建立的文件夹 E:\CentOSaz，然后单击"确定"按钮，结果如图 2-16 所示。

单击"下一步"按钮，进入"处理器配置"界面，可根据物理机实际情况配置，如图 2-17 所示。

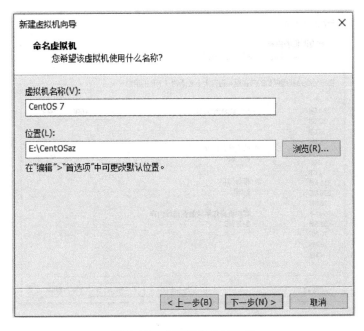

图 2-16　虚拟机命名与位置

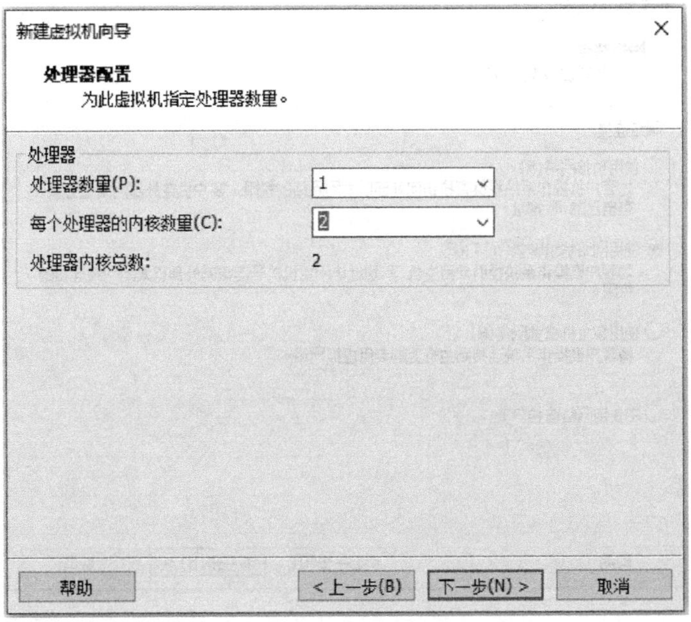

图 2-17　处理器核心数设置

　　单击"下一步"按钮，进入"此虚拟机的内存"界面，根据实际的需求分配。如果物理机内存是 8GB，则可以给虚拟机分配 4GB 内存，如图 2-18 所示。

　　单击"下一步"按钮，进入"网络类型"界面。建议保留默认方式"使用网络地址转换（NAT）（E）"，如图 2-19 所示。

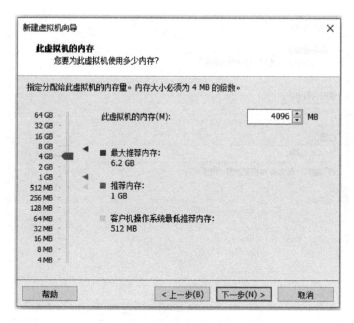

图 2-18　虚拟机分配内存

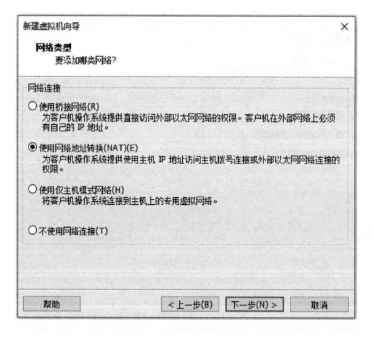

图 2-19　选择网络连接类型

　　单击"下一步"按钮,进入"选择 I/O 控制器类型"界面,"SCSI 控制器"选择默认的 LSI Logic(L),如图 2-20 所示。

　　单击"下一步"按钮,进入"选择磁盘类型"界面,"虚拟磁盘类型"选择默认的 SC-SI(S),如图 2-21 所示。

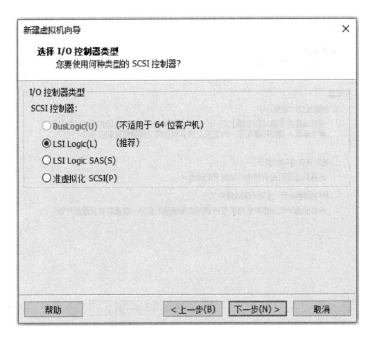

图 2-20　选择 I/O 控制器类型

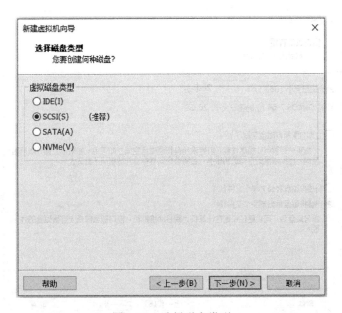

图 2-21　选择磁盘类型

　　单击"下一步"按钮，在弹出的"选择磁盘"界面中保持默认选项"创建新虚拟磁盘（V）"，如图 2-22 所示。

　　单击"下一步"按钮，进入"指定磁盘容量"界面，将"最大磁盘大小（GB）（S）："设为 200（此处并不需要物理机上有 200GB 的剩余空间），其他选项保持默认，如图 2-23 所示。

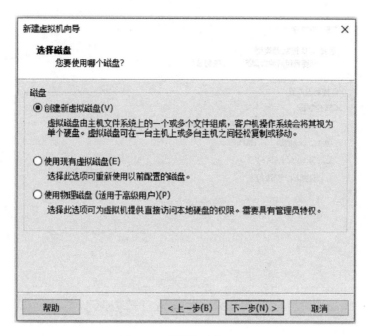

图 2-22　创建新虚拟磁盘

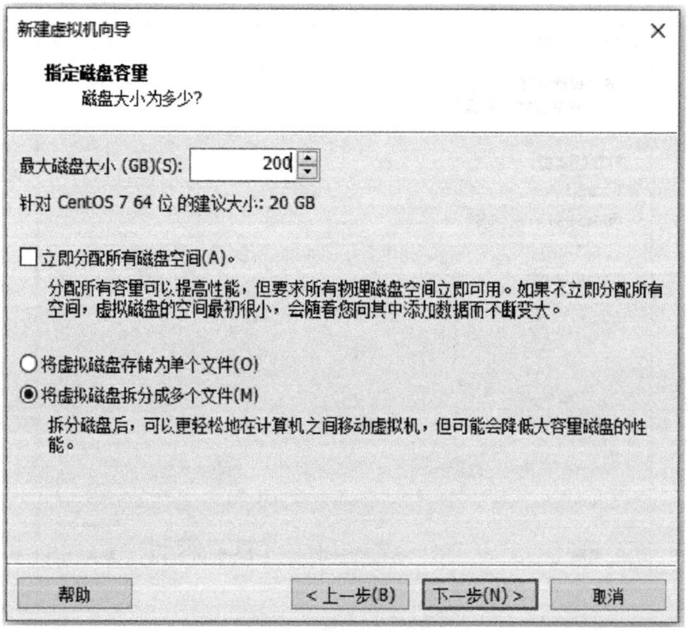

图 2-23　指定磁盘容量

　　单击"下一步"按钮，在弹出的"指定磁盘文件"界面中保持默认，如图 2-24 所示。
　　单击"下一步"按钮，提示"已准备好创建虚拟机"，如图 2-25 所示。单击"完成"
按钮，进入安装过程。

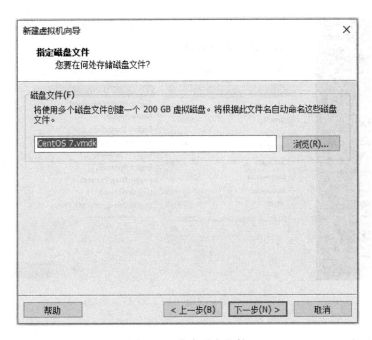

图 2-24　指定磁盘文件

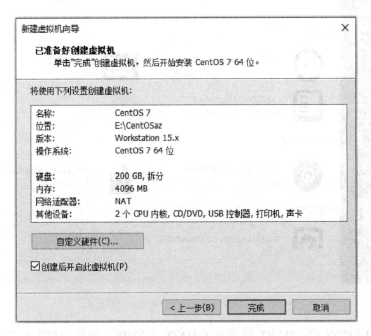

图 2-25　创建虚拟机配置明细

　　在安装过程中，会弹出 WELCOME TO CENTOS 7 界面，如图 2-26 所示。可设置语言，推荐使用 English。

　　单击 Continue 按钮，弹出 INSTALLATION SUMMARY 界面，如图 2-27 所示。在该界面可以对 CentOS 的主要参数进行设置。

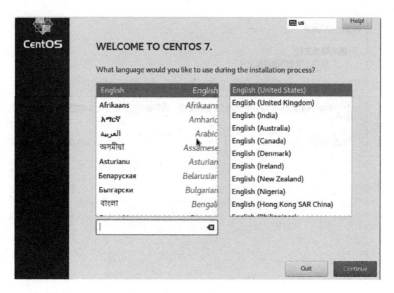

图 2-26　WELCOME TO CENTOS 7 界面

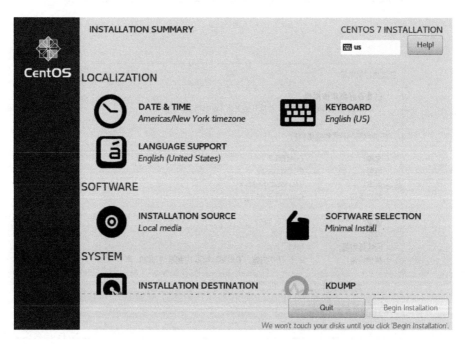

图 2-27　INSTALLATION SUMMARY 界面

在 INSTALLATION SUMMARY 界面单击 DATE & TIME，弹出 DATE & TIME 界面，在图中找到 MOSCOW，如图 2-28 所示，单击 Done 按钮。

在 INSTALLATION SUMMARY 界面单击 SOFTWARE SELECTION，弹出 SOFTWARE SE-LECTION 界面。在该界面进行软件安装选择，字符界面安装选择 Minimal install 或者 Basic Web Server；图形界面安装选择 Server with GUI 或者 GNOME Desktop，这里选择 GNOME Desktop，如图 2-29 所示，单击 Done 按钮。

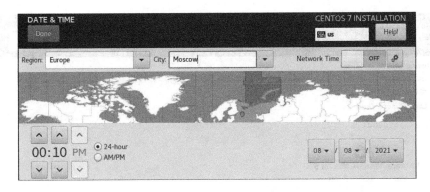

图 2-28　DATE & TIME 界面

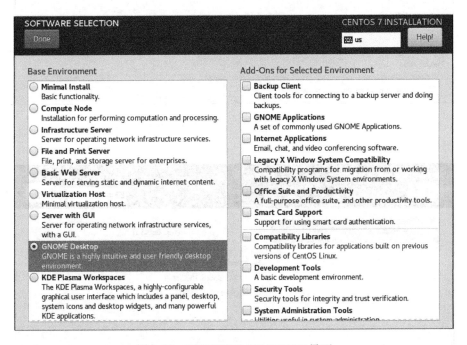

图 2-29　SOFTWARE SELECTION 界面

在 INSTALLATION SUMMARY 界面单击 INSTALLATION DESTINATION，弹出 INSTALLATION DESTINATION 界面，选择 Automatically configure partitioning，如图 2-30 所示，单击 Done 按钮。

将 INSTALLATION SUMMARY 界面往下拉，单击 NETWORK & HOST NAME，弹出 NETWORK & HOST NAME 配置界面，在 Host name 处输入主机名（如 hadoop1），如图 2-31 所示。单击 OFF 按钮，使其变为 ON，再单击 Configure 按钮，单击 IPv4 Settings，在 Method 中选择 Manual，再单击 Add 按钮，手动配置 IP 地址、子网掩码和默认网关。这里假设本虚拟机的 IP 地址是 192.168.0.130，也可选其他的 IP 地址，如图 2-32 所示。单击 Save 按钮保存，再单击 Done 按钮回到 INSTALLATION SUMMARY 界面。

INSTALLATION SUMMARY 界面的其他项保持默认选择，单击 Begin Installation 继续安装。

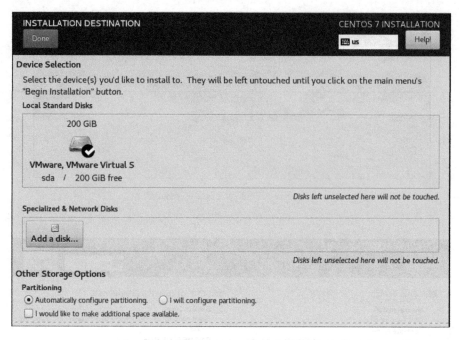

图 2-30　INSTALLATION DESTINATION 界面

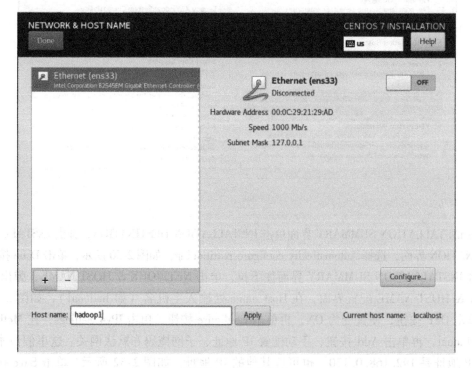

图 2-31　配置主机名

　　在安装过程中，USER SETTINGS 界面会显示出来，如图 2-33 所示。其主要用于设置
root 账户密码和创建新账户。

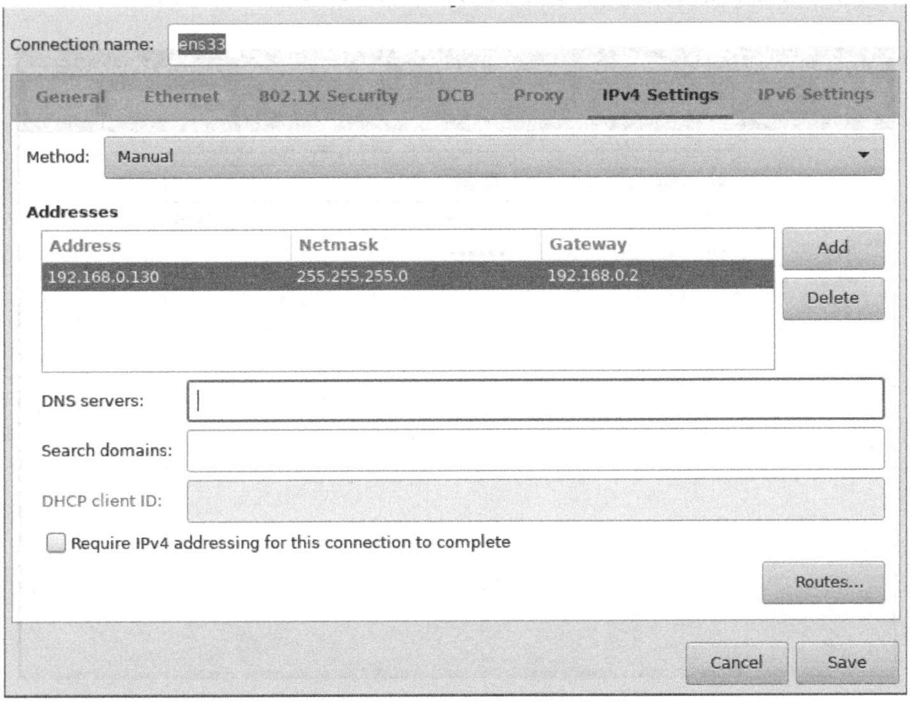

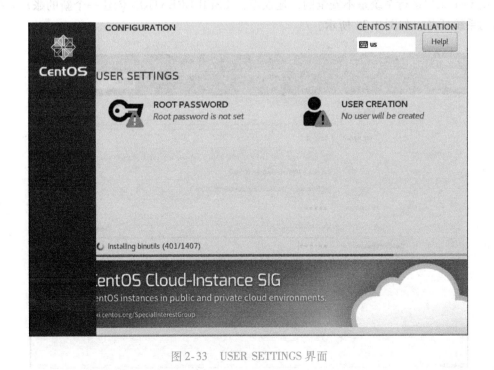

图 2-32　配置网络地址

图 2-33　USER SETTINGS 界面

　　root 账户是 Linux 操作系统中权限最大的账户，它拥有所有的权限。首先单击 ROOT PASSWORD 并添加一个密码，如图 2-34 所示。单击 Done 按钮回到 USER SETTINGS 界面。

如果密码较弱，则要单击两次 Done 按钮才能回到 USER SETTINGS 界面。

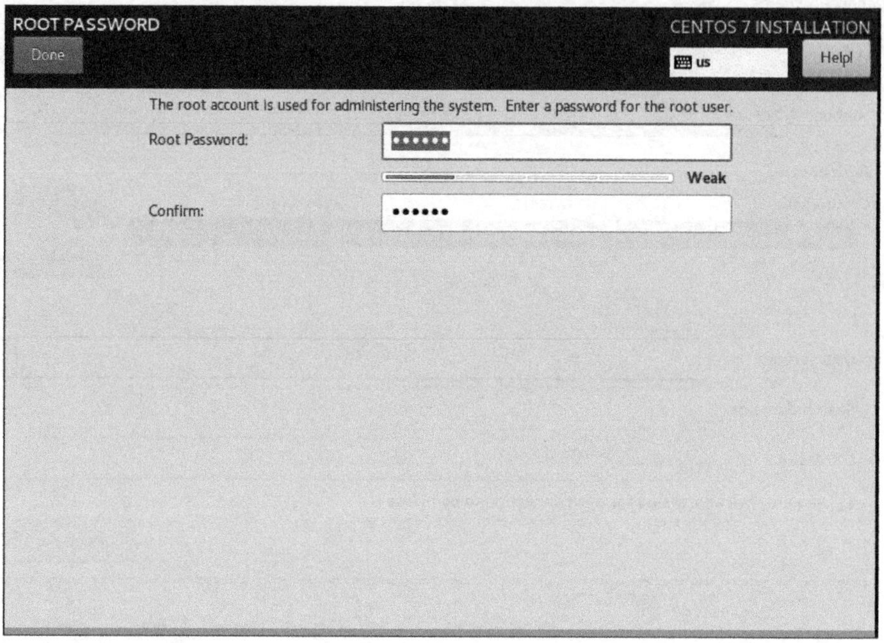

图 2-34　设置 root 账户密码

用 root 账户运行系统是不安全的，建议单击 USER CREATION 创建一个新的账户来执行一般的系统任务，如图 2-35 所示。

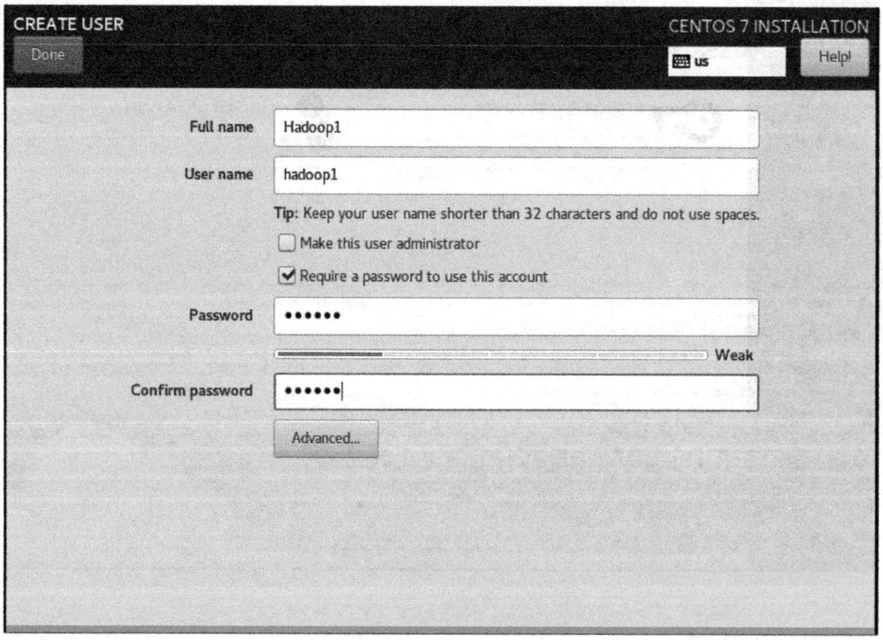

图 2-35　创建一个新的账户

单击 Done 按钮回到 USER SETTINGS 界面，如图 2-36 所示，单击 Finish configuration 按钮，完成配置后，Finish configuration 按钮变为 Reboot 按钮，再单击 Reboot 按钮重新启动。

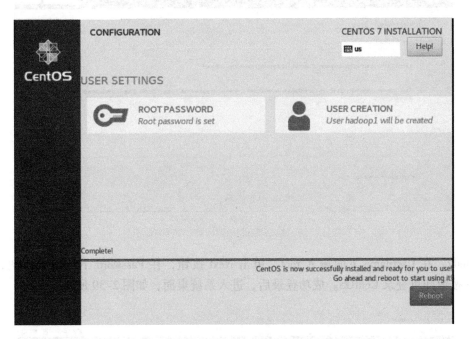

图 2-36　配置后的 USER SETTINGS 界面

重新启动后，会显示 INITIAL SETUP 界面，如图 2-37 所示。单击 LICENSE INFORMA-TION，弹出 LICENSE INFORMATION 界面，如图 2-38 所示。勾选 I accept the license agreement，单击 Done 按钮，回到 INITIAL SETUP 界面。

图 2-37　INITIAL SETUP 界面

单击 FINISH CONFIGURATION 按钮完成配置。CentOS 启动后跳转到登录界面，选择

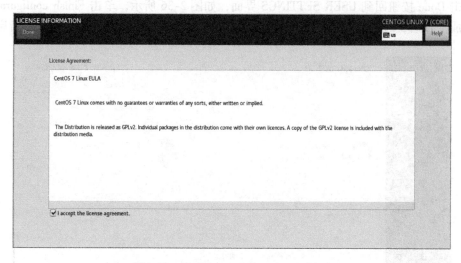

图 2-38　LICENSE INFORMATION 界面

Not listed?，在 Username 下面输入 root，单击 Next 按钮，在 Password 下面输入密码，单击 Sign In 按钮即可登录 CentOS。成功登录后，进入系统桌面，如图 2-39 所示。

图 2-39　CentOS 7 启动成功后进入的桌面

2.2.3　配置 CentOS 7

为后面安装 Hadoop 集群做准备，需要对 CentOS 进行配置。

1. 配置 hosts 文件

在 CentOS 7 的桌面单击鼠标右键，弹出快捷菜单，选择 Open Terminal 菜单项，打开 Shell 终端，输入命令：gedit /etc/hosts，如图 2-40 所示。

输入命令后按 < Enter > 键，打开 hosts 文件，在文件末尾添加一行：

192.168.0.130 hadoop1

执行结果如图 2-41 所示。保存后退出。

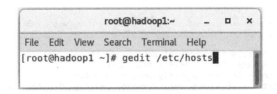

图 2-40　在 Shell 终端输入 gedit/etc/hosts

图 2-41　配置 hosts 文件

2. 关闭防火墙

防火墙是对系统进行保护的一种服务，但有时会妨碍 Hadoop 集群间的相互通信，所以要关闭防火墙。可选择如下命令关闭防火墙：

```
systemctl stop firewalld.service        #关闭 firewall
systemctl disable firewalld.service     #禁止 firewall 开机启动
```

上述两条命令的执行结果如图 2-42 所示。

图 2-42　关闭防火墙

3. 禁用 selinux

selinux 是一个 Linux 内核模块，也是 Linux 的一个安全子系统。它是对系统安全级别更细粒度的设置。由于 selinux 可能会与 Hadoop 集群的部分功能相冲突，所以选择禁用。下列操作可以关闭 selinux 安全策略。

执行命令：gedit /etc/selinux/config，打开 config 文件，将 SELINUX = enforcing 改为 SELINUX = disabled，如图 2-43 所示。保存后退出。

4. 配置 SSH 免密码登录

安全外壳（Secure Shell，SSH）协议是建立在应用层基础上的安全协议。利用 SSH 协议可以有效防止远程管理过程中的信息泄露问题。

Hadoop 各组件之间使用 SSH 登录，为了避免输入密码，配置 SSH 免密码登录。步骤如下：

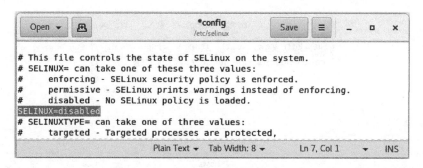

图 2-43　禁用 selinux

（1）使用 ssh-keygen -t rsa 命令生成密码，在这个过程中需要按 3 次 <Enter> 键选择默认配置。

```
[root@ Bigdata ~]# ssh-keygen -t rsa
```

执行结果如图 2-44 所示。

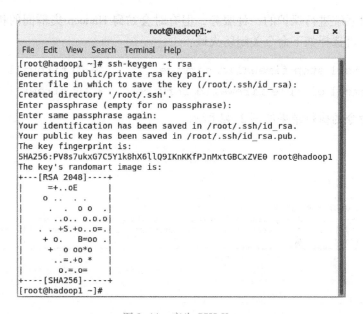

图 2-44　产生 SSH Key

（2）将生成的公钥文件复制到 SSH 指定的密钥文件 authorized_keys 中。注意，命令中 authorized_keys 前后都不能有空格。

```
[root@ hadoop1 ~]#        cd /root/. ssh
[root@ hadoop1.ssh]#    cat id_rsa. pub > >authorized_keys
```

（3）测试 SSH 免密码登录配置是否成功。

```
[root@ hadoop1.ssh]# ssh hadoop1
```

输入 yes 继续连接，如果没有提示输入密码，则证明 SSH 免密码登录配置成功。上述命令的执行结果如图 2-45 所示。

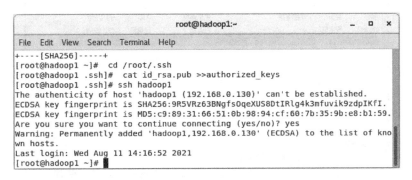

图 2-45　测试 SSH 免密码登录

5. 配置连通外网

配置 CentOS 连通外网，可以方便在线安装软件和下载软件。但这一步不是必须的，如果不打算访问外网和在线安装软件，可以不配置。配置方法如下：

选择 VMware Workstation 的"虚拟机(M)"菜单，选择"设置(S)"菜单项，弹出"虚拟机设置"界面，在左面选择"网络适配器"，右面的"网络连接"中选择"NAT 模式 (N)：用于共享主机的 IP 地址"选项，如图 2-46 所示。再单击"确定"按钮。

图 2-46　"虚拟机设置"界面

选择 VMware Workstation 的"编辑(E)"菜单，选择"虚拟网络编辑器(N)"菜单项，弹出"虚拟网络编辑器"界面，选择 NAT 模式，如图 2-47 所示。

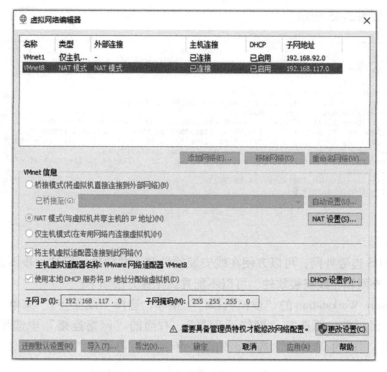

图 2-47　"虚拟网络编辑器"界面

本虚拟机配置的 IP 地址是 192.168.0.130，而子网 IP 是 192.168.117.0，子网掩码是 255.255.255.0。192.168.0.130 不在子网 192.168.117.0 内，所以要修改子网地址。单击右下角的"更改设置"按钮，将子网地址设置为 192.168.0.0，如图 2-48 所示。

图 2-48　修改后的"虚拟网络编辑器"界面

单击"NAT 设置(S)"按钮,弹出"NAT 设置"界面。将网关 IP(G)修改为 192.168.0.2,如图 2-49 所示。单击"确定"按钮,关闭"NAT 设置"界面,再单击"确定"按钮,关闭"虚拟网络编辑器"界面。

图 2-49 "NAT 设置"界面

由于 IP 地址不方便记忆,所以一般都使用域名,通过域名系统(DNS)可将域名映射为 IP 地址,使人们访问互联网更加方便。前面已经配置了 IP 地址、子网掩码和默认网关,现在只要再配置 DNS 地址即可。

单击 CentOS 7 桌面右上角的网络图标,单击 Wired Connected,如图 2-50 所示。选择 Wired Settings,再单击 ON 按钮右边的"设置"按钮,在弹出的 Wired 界面选择 IPv4,在 DNS 下面输入 DNS 地址,如可输入腾讯的 DNS 地址 119.29.29.29,如图 2-51 所示。然后单击 Apply 按钮就完成了 DNS 地址的设置。

图 2-50 Wired Connected

图 2-51　设置 IPv4 地址

重新启动后，登录某一网站可检验配置是否成功。在浏览器地址栏输入 https://www.hao123.com，按＜Enter＞键后的效果如图 2-52 所示。

图 2-52　登录 https://www.hao123.com 的效果

2.3　Hadoop 伪分布式安装与配置

Hadoop 是用 Java 语言开发的，Hadoop 的编译及运行都需要使用 JDK。因此在安装 Hadoop 之前，必须先安装 JDK。为了使 Windows 操作系统能与虚拟机 CentOS 之间进行通信，还需要安装 WinSCP。

2.3.1 安装 WinSCP

WinSCP 是一个 Windows 操作系统环境下使用的 SSH 开源图形化 SFTP 客户端，同时支持 SCP 协议。WinSCP 可以实现 Windows 操作系统和 Linux 操作系统之间文件共享。从网络下载 WinSCP 安装文件，如 WinSCP-5.17.10-Setup.exe，该软件安装非常简单，和普通软件安装一样，双击安装文件，其他的保持默认，一直单击"下一步"按钮就可以完成安装。打开 WinSCP，输入 CentOS 7 的主机名（主机 IP 地址）、用户名和密码，端口号可保持默认值 22，如图 2-53 所示。

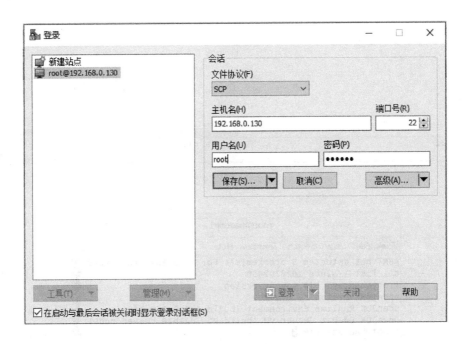

图 2-53 WinSCP 登录

单击"保存"按钮，在弹出的"将会话保存为站点"界面上选择"保存密码"选项，单击"确定"按钮。再单击"登录"按钮，即可登录到 CentOS 7。文件浏览窗口如图 2-54 所示。在想要上传或下载的文件上单击鼠标右键，选择"上传"或"下载"选项就可以实现文件的上传或下载，或者直接选中文件拖到另一侧。

2.3.2 安装 JDK

1. 卸载 CentOS 默认安装的 OpenJDK

由于一些开发版的 CentOS 7 会自带 OpenJDK，所以需把系统自带的卸载。使用 java - version 命令检查系统是否安装了 OpenJDK：

```
[root@ hadoop1 ~]# java -version
```

命令执行结果如图 2-55 所示。

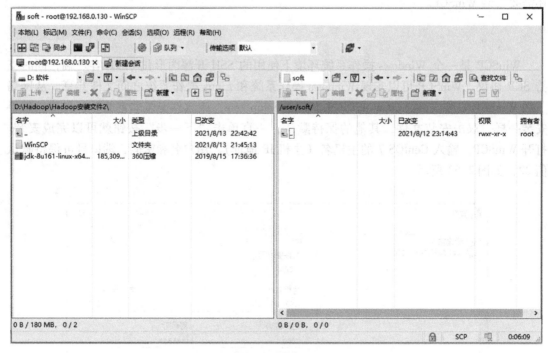

图 2-54　文件浏览窗口

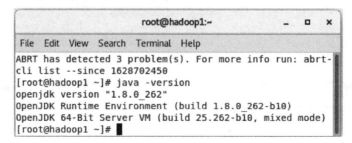

图 2-55　检查是否安装了 OpenJDK

可以看到系统自带了 OpenJDK。可使用命令 rpm - qa｜grep java 查找 OpenJDK 的安装文件：

　　　[root@ hadoop1 ~]# rpm - qa｜grep java

命令执行结果如图 2-56 所示。

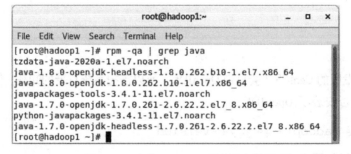

图 2-56　查找 OpenJDK 的安装文件

输入下列命令，删除 OpenJDK 安装文件，noarch 文件可以不用删除。

```
[root@ hadoop1 ~ ]# rpm - e - - nodeps java- 1. 8. 0- openjdk- headless-
1. 8. 0. 262. b10- 1. el7. x86_64
[root@ hadoop1 ~ ]# rpm - e - - nodeps java- 1. 7. 0- openjdk- 1. 7. 0. 261-
2. 6. 22. 2. el7_8. x86_64
[root @ hadoop1 ~ ] # rpm- e- - nodeps java- 1. 7. 0- openjdk- headless-
1. 7. 0. 261- 2. 6. 22. 2. el7_8. x86_64
[root@ hadoop1 ~ ]# rpm - e --nodeps java-1.8.0-openjdk-1.8.0.262.b10-
1. el7. x86_64
java-version
```

执行 java- version 命令，结果如图 2-57 所示。说明 OpenJDK 安装文件已删除成功。

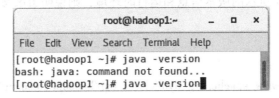

图 2-57　检查 OpenJDK 删除是否成功

2. 安装 JDK

从网络下载 JDK 安装文件（如 jdk-8u161-linux-x64. tar. gz），使用 WinSCP 将其上传到 CentOS 7 的/user/soft 目录下，准备安装。

可以创建一个目录用于存放安装文件，这里/user/soft 已提前创建好，用于存放所有的安装文件。使用 cd 命令切换到/user/soft 目录，然后使用 tar - zxvf jdk-8u161-linux-x64. tar. gz 命令解压文件，如图 2-58 所示。

图 2-58　准备解压缩 JDK 文件

按 < Enter > 键后系统开始执行解压命令，屏幕上将出现不断滚动显示的信息。执行成功后，还需要配置 Java 的环境变量。

执行 gedit /etc/profile 命令：

```
[root@ hadoop1 soft]# gedit /etc/profile
```

打开文件 profile，在已有代码的尾部添加如下代码：

```
export JAVA_HOME = /user/soft/jdk1.8.0_161
export PATH = $JAVA_HOME/bin: $PATH
```

保存文件，执行 source /etc/profile 命令或重新启动，使修改生效。

如果没有错误，系统执行 source 命令成功后没有任何返回信息，再执行 java - version 命令，测试 JDK 安装是否成功，如图 2-59 所示。

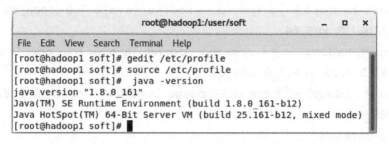

图 2-59　测试 JDK 安装是否成功

如果出现如图 2-59 所示的版本信息和运行时环境，则说明 JDK 安装成功。

2.3.3　安装 Hadoop

1. 下载 Hadoop 安装文件

可从链接 https://www.apache.org/dyn/closer.cgi/hadoop/common/hadoop-3.3.0/hadoop-3.3.0.tar.gz 下载 hadoop-3.3.0.tar.gz。可在 CentOS 7 中下载，然后将文件转移到安装目录/user/soft 下，也可在 Windows 操作系统下载，使用 WinSCP 将其上传到 CentOS 7 的/user/soft 目录下，准备安装。

2. 解压 Hadoop 安装文件

执行解压命令 tar - zxvf hadoop-3.3.0.tar.gz，即可解压安装文件，如图 2-60 所示。

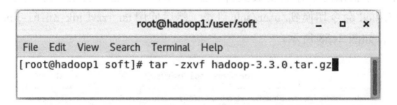

图 2-60　解压 Hadoop 安装文件

3. 配置 hadoop-env.sh

切换到 Hadoop 配置文件所在目录/user/soft/hadoop-3.3.0/etc/hadoop/，用 gedit 打开并修改其中的 hadoop-env.sh 文件，如图 2-61 所示。

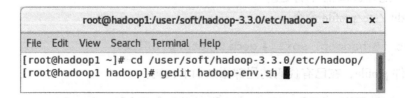

图 2-61　用 gedit 修改其中的 hadoop-env.sh 文件

在文件中找到"# JAVA_HOME=/usr/java/testing hdfs dfs- ls"代码，将其修改为实际的 JDK 安装路径，即修改为"JAVA_HOME=/user/soft/jdk1.8.0_161"，如图 2-62 所示。保存后退出。

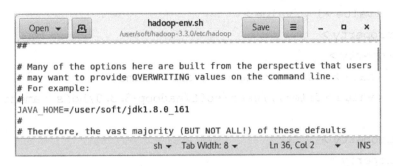

图 2-62 配置 hadoop- env. sh

4. 配置 core- site. xml

用 gedit 打开 core- site. xml 文件，在 < configuration > 和 </configuration > 标记之间添加如下代码，配置 HDFS 的访问 URL 和端口号，如图 2-63 所示。保存后退出。

```
< property >
    < name > fs. defaultFS </name >
    < value > hdfs://hadoop1:9000 </value >
</property >
< property >
    < name > hadoop. tmp. dir </name >
    < value >/user/soft/hadoop-3. 3. 0/tmp </value >
</property >
```

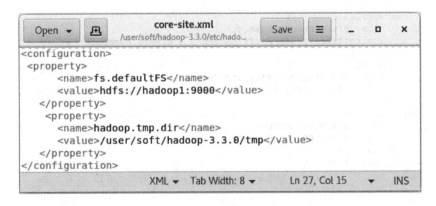

图 2-63 配置 core- site. xml

5. 配置 hdfs- site. xml

用 gedit 打开 hdfs- site. xml 文件，在 < configuration > 和 </configuration > 标记之间添加如下代码，配置每个数据块保存的副本数，NameNode 和 DataNode 的元数据存储路径，以及

NameNode 的访问端口，如图 2-64 所示。保存后退出

```
    <property>
        <name>dfs. replication</name>
        <value>1</value>
    </property>
    <property>
        <name>dfs. namenode. name. dir</name>
        <value>file:///user/soft/hadoop-3. 3. 0/hdfs/namenode</value
>
    </property>
    <property>
        <name>dfs. datanode. data. dir</name>
        <value>file:///user/soft/hadoop-3. 3. 0/hdfs/datanode</value
>
    </property>
    <property>
        <name>dfs. http. address</name>
        <value>192. 168. 0. 130:50070</value>
    </property>
```

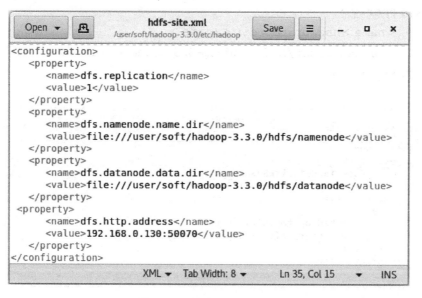

图 2-64　配置 hdfs- site. xml

6. 配置 mapred- site . xml

用 gedit 打开 mapred- site . xml 文件，在 < configuration > 和 </ configuration > 标记之间添加如下代码，如图 2-65 所示。保存后退出。

```
<property>
    <name>mapreduce. framework. name</name>
    <value>yarn</value>
</property>
```

图 2-65　配置 mapred-site . xml

7. 配置 yarn-site. xml

用 gedit 打开 yarn-site. xml 文件，在 < configuration > 和 </configuration > 标记之间添加如下代码，如图 2-66 所示。保存后退出。

```
<property>
    <name>yarn. resourcemanager. hostname</name>
    <value>192.168.0.130</value>
</property>
<property>
    <name>yarn. nodemanager. aux-services</name>
    <value>mapreduce_shuffle</value>
</property>
```

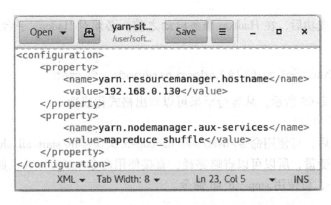

图 2-66　配置 yarn-site. xml

8. 配置环境变量

执行 gedit /etc/profile 命令：

```
[root@ hadoop1 soft]# gedit /etc/profile
```

打开文件 profile，在已有代码的尾部添加如下代码，如图 2-67 所示。

```
export HADOOP_HOME = /user/soft/hadoop-3.3.0
export PATH = $HADOOP_HOME/bin: $HADOOP_HOME/sbin: $PATH
export HDFS_NAMENODE_USER = root
export HDFS_DATANODE_USER = root
export HDFS_SECONDARYNAMENODE_USER = root
export YARN_RESOURCEMANAGER_USER = root
export YARN_NODEMANAGER_USER = root
```

Hadoop 的早期版本不需要将 Hadoop 各进程的用户设为 root。

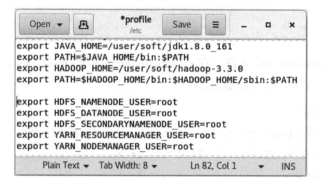

图 2-67　配置环境变量

保存文件，执行 source /etc/profile 命令或重新启动，使修改生效。

```
[root@ hadoop1 soft]# source /etc/profile
```

9. 格式化 Hadoop

环境参数配置成功后，在 Hadoop 服务启动之前，必须对 Hadoop 平台进行格式化操作，命令如下：

```
[root@ hadoop1 soft]# hadoop namenode -format
```

运行结果如图 2-68 所示。从运行结果可以看出格式化成功。

10. 启动和关闭 Hadoop

完成上述工作后，可使用命令/user/soft/hadoop-3.3.0/sbin/start-all.sh 启动 Hadoop。由于已经配置了环境变量，所以可以省略路径，直接使用命令 start-all.sh，如图 2-69 所示。

要关闭 Hadoop，可使用 stop-all.sh 命令。

```
[root@ hadoop1 user]# stop-all.sh
```

11. 验证 Hadoop 是否启动成功

启动 Hadoop，用 jps 命令查看进程，如果出现以下进程：ResourceManager、NodeManager、DataNode、NameNode、SecondaryNameNode，则 Hadoop 启动成功，如图 2-70 所示。

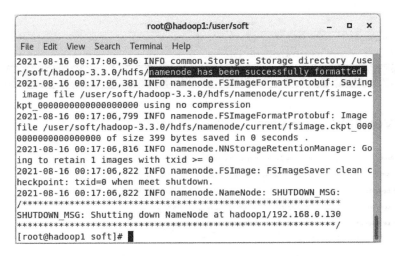

图 2-68　namenode 格式化结果

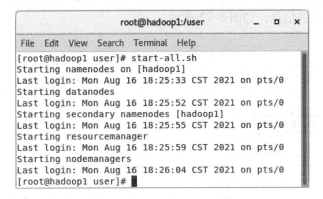

图 2-69　启动 Hadoop

图 2-70　用 jps 命令查看进程

12. 查看 Hadoop Web 页面

在 Hadoop 集群的运维中，系统管理人员常常使用 Web 页面监视系统运行状况。启动 CentOS 7 的 Firefox 浏览器，在浏览器地址栏输入 http://192.168.0.130：50070 或 http://hadoop1：50070，即可查看 Hadoop 运行相关信息，如图 2-71 所示。

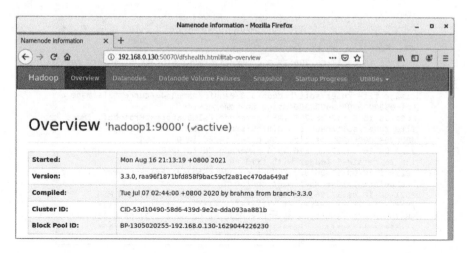

图 2-71　利用 Web 页面查看 Hadoop 运行状态

　　同样，在浏览器地址栏输入 http://192.168.0.130：8088 或 http://hadoop1：8088，即可查看 YARN 运行相关信息，如图 2-72 所示。

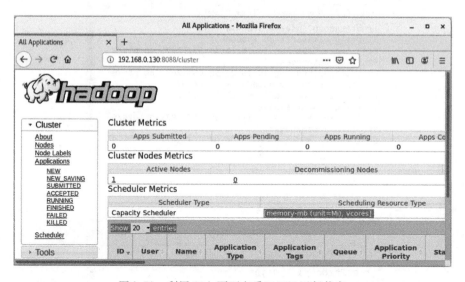

图 2-72　利用 Web 页面查看 YARN 运行状态

2.4　本章小结

　　本章在简单介绍 Linux 操作系统的基础上，列举了 Linux 基本命令，然后详细阐述了安装 VMware Workstation，在 VMware 上安装 CentOS 7 和在 CentOS 7 上伪分布式安装和配置 Hadoop 3.3.0。

习　　题

　　2-1　使用 Linux 基本命令完成以下操作：

（1）在 Linux 根目录下创建一个名为 a 的目录。

（2）在目录 a 下创建一个名为 b 的目录。

（3）在目录 a 下创建一个文件 c. txt，文件内容是 Hello world。

（4）将/a 下 c. txt 文件移动到/a/b 下。

（5）删除 b 目录及该目录下的文件。

2-2　为何配置 SSH 无密码登录？

2-3　如何检验 Hadoop 启动是否成功？

实验　Hadoop 伪分布式安装与配置

1. 实验目的

（1）掌握安装 Linux 虚拟机的方法。

（2）熟练掌握 Linux 基本命令。

（3）掌握静态 IP 地址的配置。

（4）掌握 Linux 环境下 Java 的安装与环境变量的配置。

（5）掌握 SSH 免密登录的配置。

（6）掌握在 Linux 环境下如何安装与配置 Hadoop 伪分布式。

2. 实验环境

实验平台：在 Windows 环境下已安装了 VMware Workstation Pro。

实验室提供的软件：CentOS 安装包、Oracle JDK 安装包、Hadoop 安装包。

3. 实验内容和要求

（1）在 VMware Workstation Pro 下安装 Linux 虚拟机（CentOS）。

（2）配置静态 IP 地址；修改主机名；编辑域名映射。

（3）安装和配置 JDK。

（4）配置 SSH 免密登录。

（5）关闭防火墙。

（6）安装 Hadoop。

（7）配置 Hadoop 伪分布式。

（8）格式化 namenode。

（9）启动和验证 Hadoop。

（10）关闭 Hadoop。

▶ 第 3 章

Hadoop 分布式文件系统 HDFS

大数据时代必须解决海量数据的高效存储问题。Hadoop 分布式文件系统（Hadoop Distributed File System，HDFS）通过网络实现文件在多台计算机上分布式存储，较好地满足了海量数据的高效存储需求。HDFS 是 Hadoop 核心组件之一，支持以流式数据访问模式来存取超大文件，具有高容错、高可靠、高可扩展和高吞吐量等特性。同时，向用户开放了 HDFS 相应的访问接口，以满足不同的应用需求。

本章首先介绍 HDFS 的架构和原理，然后介绍 HDFS Shell 命令的使用，最后介绍 HDFS Java API 编程。

3.1 HDFS 的架构和原理

相对于传统的本地文件系统，分布式文件系统是一种通过网络实现文件在多台计算机上进行分布式存储的文件系统。HDFS 是一个高度容错性的系统，适合部署在廉价的机器上。HDFS 能提供高吞吐量的数据访问，非常适合大规模数据集上的应用。

对于用户来说，HDFS 可看成被封装起来的普通文件系统。在系统中，用户可以创建、删除、移动或重命名文件等。HDFS 是一个主从结构，一个 HDFS 集群主要由一个 NameNode 和一些 DataNode 组成。NameNode 在 HDFS 内部提供元数据服务；DataNode 为 HDFS 提供数据的存储和读取。

3.1.1 计算机集群结构

传统的文件系统将文件存储在单个计算机节点，而分布式文件系统把文件分布存储到多个计算机节点上，大量的计算机节点构成计算机集群。

与专用高级硬件的并行化处理装置不同的是，分布式文件系统所采用的计算机集群，都是由廉价的普通硬件构成，这就大大降低了在硬件上的开销。

计算机集群的基本结构如图 3-1 所示。集群中的计算机放置在机架上，同一机架上的不同计算机通过高速交换机连接，不同机架之间采用另一级高速交换机互连。

3.1.2 HDFS 的假设前提和设计目标

HDFS 在设计之初就考虑到了实际的运行环境，硬件出错在 Hadoop 集群中是常态。因此，HDFS 在设计上采取了多种机制确保在硬件出错的情况下实现数据的完整性，并能适应大规模数据集的存储。HDFS 要实现的目标包括以下几个方面。

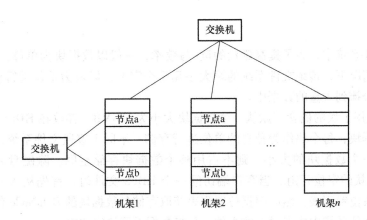

图 3-1   计算机集群的基本结构

1. 硬件错误的处理

硬件错误是常态而不是异常。HDFS 可能由成千上万的服务器所构成，每个服务器上存储着文件系统的部分数据。由于构成系统的组件数目巨大，而且任何一个组件都有可能失效，因此错误检测和快速、自动地恢复是 HDFS 最核心的设计目标。

2. 流式数据访问

运行在 HDFS 上的应用程序和普通的应用程序不同，需要流式访问它们的数据集。由于 HDFS 的设计中更多地考虑到了数据批处理，而不是用户交互处理，因此为了提高数据的吞吐量，HDFS 放松了一些对可移植操作系统接口（POSIX）的技术要求。

3. 大规模数据集

运行在 HDFS 上的应用程序通常具有很大的数据集。HDFS 上的文件可以达到 GB 甚至 TB 级别。因此，HDFS 被配置以支持大文件存储。它应该能提供整体上高的数据传输带宽，能在一个集群里扩展到数百个甚至数千个节点。

4. 简单的一致性模型

HDFS 应用需要一个"一次写入、多次读取"的文件访问模型，即一个文件经过创建、写入和关闭之后就不需要改变。这一假设简化了数据一致性问题，并且使高吞吐量的数据访问成为可能。MapReduce 应用程序都非常适合这个模型。将来可扩充这个模型以支持文件的附加写操作。

5. 移动计算比移动数据更划算

一个应用程序请求的计算，离它操作的数据越近就越高效，在数据达到海量级别时更是如此。因为这样就能降低网络的传输开销，提高系统数据的吞吐量。将计算移动到数据附近，比将数据移动到应用所在显然更好。HDFS 提供了将应用程序移动到数据附近的接口。

6. 异构软硬件平台间的可移植性

HDFS 在设计时就考虑到平台的可移植性。这种特性方便了 HDFS 作为大规模数据应用平台的推广。

3.1.3   HDFS 的相关概念

HDFS 主要包括块、元数据、NameNode、DataNode 和 Secondary NameNode 等相关概念，

下面分别介绍。

1. 块

在传统文件系统中，为了提高磁盘的读/写效率，一般以数据块为单位，而不是以字节为单位。通常情况下，传统文件系统的块大多几千个字节，以块为单位进行读/写，可以将磁盘寻道时间分摊到大量的数据中。

HDFS 也采用了块的概念，默认一个数据块大小为 128MB。存放在 HDFS 上的文件会被拆分成多个数据块，每个块作为独立的单位进行存储。不同于普通文件系统，HDFS 中如果一个文件小于一个数据块的大小，则不占用整个数据块存储空间。除磁盘寻道开销以外，HDFS 还有数据块的定位开销。当客户端访问一个 HDFS 文件时，首先从 NameNode 获取该文件的各数据块位置列表，然后根据位置列表获取存储各数据块的 DataNode 位置，最后 DataNode 在本地文件系统中找出对应的文件，并将数据返回给客户端。

和普通的本地文件系统不同，HDFS 上的文件可以达到 GB 甚至 TB 级别，所以数据块必须足够大才能降低磁盘寻道开销和数据块的定位开销。当然，块的大小也不宜设置过大，否则会降低 MapReduce 任务的并行处理速度。

2. 元数据

元数据是描述数据的数据，主要是描述数据属性的信息，用来支持如指示存储位置、历史数据、资源查找、文件记录等功能。在 HDFS 中，元数据主要有 3 类信息：第一类是目录和文件自身的属性信息，如目录名、父目录信息、文件名、文件大小、创建时间和修改时间等；第二类记录与文件存储相关的信息，如文件分块情况、副本个数、每个副本所在的 DataNode 信息等；第三类用来记录 HDFS 中所有 DataNode 的信息，用于管理集群的 DataNode。

3. NameNode

HDFS 支持传统的层次型文件组织结构。用户或者应用程序可以创建目录，然后将文件保存在这些目录里。文件系统命名空间的层次结构和大多数现有的文件系统类似，用户可以创建、删除、移动或重命名文件。

NameNode（名称节点）是整个文件系统的管理节点，负责维护文件系统的命名空间，任何对文件系统命名空间或属性的修改都将被 NameNode 记录下来。应用程序可以设置 HDFS 保存的文件的副本数目。文件副本的数目称为文件的副本系数，这个信息也是由 NameNode 保存的。NameNode 还记录了每个文件中各个块所在的数据节点的位置信息。

NameNode 保存了两个核心数据结构：FsImage 和 EditLog，如图 3-2 所示。其中，FsImage 用于维护文件系统树以及文件树中所有文件和目录的元数据；EditLog 记录了所有针对文件的创建、删除、重命名等操作。

4. DataNode

DataNode（数据节点）是真正存储数据的地方。HDFS 数据存储在 DataNode 上，数据块的创建、复制和删除都在 DataNode 上执行。DataNode 会根据客户端或者 NameNode 的调度来进行数据的存储和检索，并且向 NameNode 定期发送自己所存储块的列表。它将 HDFS 数据以文件的形式存储在本地的文件系统中。

5. Secondary NameNode

在 NameNode 运行期间，HDFS 的所有更新操作都直接写到 EditLog 中，随着时间的推移，EditLog 会变得越来越大。Secondary NameNode（第二名称节点）负责定时从 NameNode

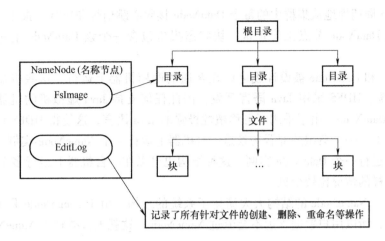

图 3-2　NameNode 的核心数据结构

上获取 FsImage 和 EditLog，同时请求 NameNode 停止使用 EditLog 文件，暂时将新的写操作写到一个新的文件 EditLog. new 上。在 Secondary NameNode 上将 FsImage、EditLog 合并得到新的 FsImage，再将新的 FsImage 复制到 NameNode，取代原来的 FsImage，同时用 EditLog. new 文件去替换 EditLog 文件，从而减小 EditLog 文件的大小。

3.1.4　HDFS 体系结构

HDFS 采用主从（Master/Slave）结构模型，如图 3-3 所示。一个 HDFS 集群是由一个 NameNode 和一定数目的 DataNode 组成。NameNode 是一个中心服务器，负责管理文件系统的命名空间以及客户端对文件的访问。集群中的 DataNode 一般是一个节点一个，负责管理它所在节点上的数据存储。HDFS 暴露了文件系统的命名空间，用户能够以文件的形式在上面存储数据。从内部看，一个文件其实被分成一个或多个数据块，这些块存储在一组 Data-Node 上。NameNode 执行文件系统的命名空间操作，比如打开、关闭、重命名文件或目录，也负责确定数据块到具体 DataNode 节点的映射。DataNode 负责处理文件系统客户端的读/写请求，在 NameNode 的统一调度下进行数据块的创建、删除和复制。

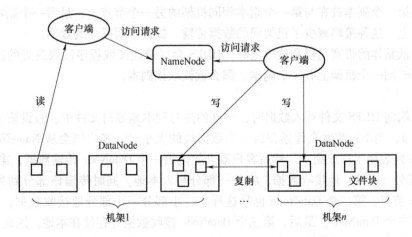

图 3-3　HDFS 的体系结构

NameNode 周期性地从集群中的每个 DataNode 接收心跳信号和块状态报告。接收到心跳信号意味着该 DataNode 节点工作正常；块状态报告包含一个该 DataNode 上所有数据块的列表。

NameNode 和 DataNode 被设计成可以在普通的商用机器上运行。这些机器一般运行着 Linux 操作系统。HDFS 采用 Java 语言开发，因此任何支持 Java 虚拟机的机器都可以部署 NameNode 或 DataNode。由于采用了可移植性极强的 Java 语言，这使得 HDFS 可以部署到多种类型的机器上。一个典型的部署场景是一台机器上运行一个 NameNode 实例，而集群中的其他机器分别运行一个 DataNode 实例。这种结构也可以在一台机器上运行多个 DataNode 实例，只不过这样的情况比较少见。

集群中单一 NameNode 的结构大大简化了系统的结构。由于 NameNode 是所有 HDFS 元数据的管理者，所以用户数据永远不会流过 NameNode，这就大大减轻了 NameNode 的负担。

3.1.5 HDFS 存储原理

1. 冗余数据保存

HDFS 被设计成能够在一个大集群中跨机器、可靠地存储超大文件。它将每个文件存储成一系列的数据块，除了最后一个，其他数据块的大小都是相同的。为了保证系统的容错性和可用性，HDFS 采用多副本方式对数据进行冗余存储，通常一个数据块的多个副本会被存储到不同的 DataNode 上。每个文件的数据块大小和副本系数都是可配置的。应用程序可以指定某个文件的副本数目。

2. 数据存取策略

副本的存放是 HDFS 可靠性和性能的关键。优化的副本存放策略是 HDFS 区分于其他大部分分布式文件系统的重要特性。HDFS 采用机架感知的策略来改进数据的可靠性、可用性和网络带宽的利用率。通过一个机架感知的过程，NameNode 可以确定每个 DataNode 所属的机架 ID。一个简单但没有优化的策略就是将副本存放在不同的机架上。这样可以有效防止当整个机架失效时丢失数据，并且允许读数据时充分利用多个机架的带宽。

在默认情况下，副本系数是 3。如果是在集群内发起的写请求，则第一个副本放置在上传文件的节点上；如果是在集群外发起的写请求，则随机挑选一台磁盘不太满、CPU 不太忙的节点，第二个副本放在与第一个副本相同机架的另一个节点上，最后一个副本放在不同机架的节点上。这种策略减少了机架间的数据传输，提高了写操作的效率。

为了降低整体的带宽消耗和读取延时，HDFS 会尽量让读取程序读取最近的副本。如果在读取程序的同一个机架上有一个副本，那么就读取该副本。

3. 流水线复制

当客户端向 HDFS 文件写入数据时，一开始是写到本地临时文件中。假设该文件的副本系数设置为 3，当本地临时文件累积到一个数据块的大小时，客户端会从 NameNode 获取一个 DataNode 列表用于存放副本。然后客户端开始向第一个 DataNode 传输数据，第一个 DataNode 一小部分（4KB）地接收数据，将每一部分写入本地，同时传输该部分到列表中第二个 DataNode 节点。第二个 DataNode 也是这样，一小部分一小部分地接收数据，写入本地，同时传给第三个 DataNode。最后，第三个 DataNode 接收数据并存储在本地。因此，DataNode 能流水线式地从前一个节点接收数据，同时转发给下一个节点，数据以流水线的方式从前一个 DataNode 复制到下一个 DataNode。

3.2　HDFS Shell

启动 HDFS Shell，用户可以通过命令与 HDFS 交互。HDFS 有很多用户接口，但命令行是最基本的，也是开发者必须熟练掌握的。HDFS Shell 命令和对应的 Linux Shell 命令类似，主要不同之处是 HDFS Shell 命令操作的是 Hadoop 服务器上的文件，Linux Shell 命令操作的是本地文件。

Hadoop 支持多种 Shell 命令，比如 hadoop fs、hadoop dfs 和 hdfs dfs 都是 HDFS 常用的 Shell 命令，用来查看 HDFS 的目录结构、上传和下载文件、创建文件等。这 3 个命令既有联系又有区别。

hadoop fs：适用于不同的文件系统，比如本地文件系统和 HDFS。

hadoop dfs：只能适用于 HDFS。

hdfs dfs：与 hadoop dfs 命令的作用一样，只能适用于 HDFS。

在本书中，统一使用 hadoop fs 命令对 HDFS 进行操作。

常用的 HDFS Shell 命令如表 3-1 所示。

表 3-1　常用的 HDFS Shell 命令

命令	主要功能
hadoop fs - mkdir	创建 HDFS 目录
hadoop fs - ls	查看 HDFS 文件列表
hadoop fs - copyFromLocal	将本地文件上传到 HDFS
hadoop fs - put	将本地文件上传到 HDFS
hadoop fs - copyToLocal	将 HDFS 文件下载到本地
hadoop fs - get	将 HDFS 文件下载到本地
hadoop fs - cat	查看 HDFS 文件内容
hadoop fs - mv	在 HDFS 上移动文件或目录
hadoop fs - cp	在 HDFS 上复制文件或目录
hadoop fs - rm	删除 HDFS 文件

若要完全了解 Hadoop 命令，可输入 hadoop fs - help 查看所有命令的帮助文件。下面介绍常用 HDFS Shell 命令的具体使用方法，在运行 HDFS Shell 命令前，一定要成功启动 Hadoop。

1. 创建目录

hadoop fs - mkdir ＜ path ＞：在指定位置创建目录，用"/"表示根目录。例如：

```
hadoop fs -mkdir/test        #在 HDFS 根目录下创建名为 test 的目录
hadoop fs -mkdir/test/data   #在 test 目录下创建名为 data 的目录
```

运行结果如图 3-4 所示。

注意，在创建/test/data 目录之前，必须先创建/test 目录，不能直接使用 hadoop fs - mkdir /test/data 命令创建 data 目录。

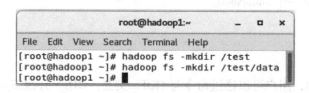

图 3-4　创建目录

启动 CentOS 7 的 Firefox 浏览器，在浏览器地址栏输入 http://192.168.0.130：50070 或 http://hadoop1：50070，按 < Enter > 键即可打开 Namenode information 页面，选择 utilities 菜单，再选择 Browse the file system 菜单项，打开 Browsing HDFS 页面，即可看到在 HDFS 上建立的 test 目录，如图 3-5 所示。单击页面的 test，可看到 data 目录。后面对 HDFS 的操作都可以采用类似的方法查看，就不一一列举了。

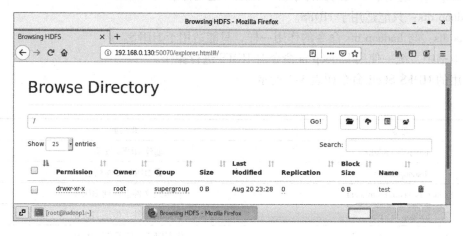

图 3-5　查看 HDFS 上的目录

当创建多级目录时，逐级地创建很复杂，Hadoop 提供了 - p 选项，可以帮助用户一次性创建多级目录。例如，要完成上面两条命令的功能可用下面一条命令表示：

```
[ root@ hadoop1 ~ ]# hadoop fs -mkdir -p /test/data
```

2. 查看文件列表

hadoop fs-ls < path >：查看指定目录下的文件列表。例如：

```
hadoop fs -ls /              #查看 HDFS 根目录下的子目录和文件
hadoop fs -ls /test          #查看 HDFS/test 下的子目录和文件
```

执行上述两条命令，会看到如图 3-6 所示的显示信息。

参数 - R 可用于查看 HDFS 指定目录下所有子目录和文件，R 代表递归（Recursive）。使用 hadoop fs - ls - R/命令，可以一次性列出所有 HDFS 子目录和子目录下的文件。执行结果如图 3-7 所示。

3. 从本地文件系统上传文件到 HDFS

将文件从本地文件系统复制到 HDFS 称为文件上传。

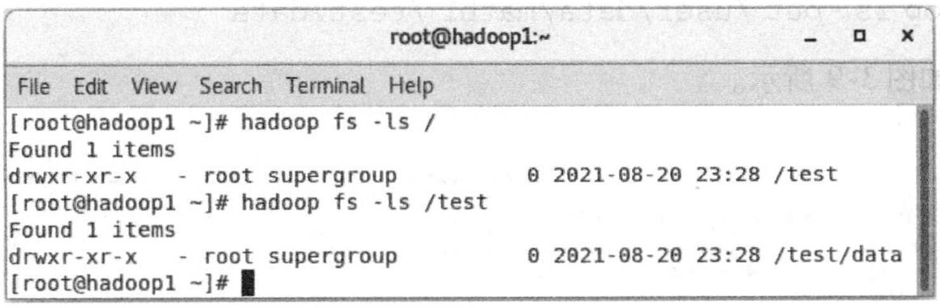

图 3-6　查看 HDFS 根目录下和/test 下的子目录和文件

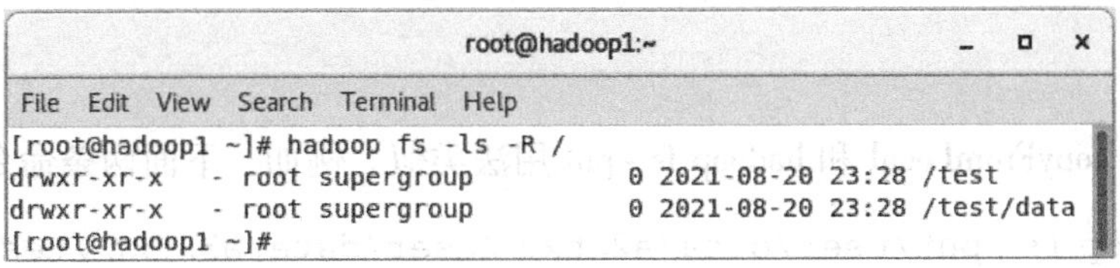

图 3-7　查看 HDFS 根目录下的所有子目录和文件

有两种命令可以实现文件上传，一种是 hadoop fs - put；另一种是 hadoop fs - copyFromLo-cal。例如：

```
hadoop fs - put /user/data/a1.txt /test
```

表示将本地文件系统的/user/data/a1.txt 上传到 HDFS 的/test 下。

```
hadoop fs - put /user/data/a2.txt /user/data/a3.txt /test
```

表示将本地文件系统的/user/data/a2.txt 和/user/data/a3.txt 上传到 HDFS 的/test 下。

注意，在本地文件系统/user/data/路径下，a1.txt、a2.txt、a3.txt 一定要存在。

上述命令也可以使用相对路径。

可以使用如下命令，查看复制结果：

```
hadoop fs - ls /test
```

执行结果如图 3-8 所示。

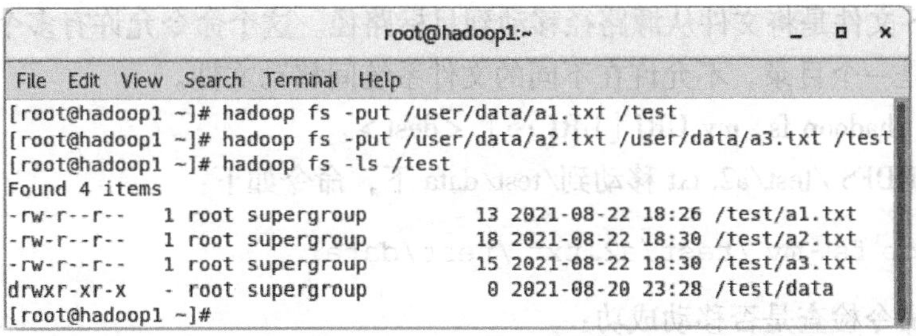

图 3-8　hadoop fs- put 上传文件

除了可以上传文件外，还可以上传目录。例如，将本地的目录/user/data/math1（math1 目录下有文件 m1.txt、m2.txt）上传到 HDFS 的/test/data，命令如下：

```
hadoop fs -put /user/data/math1 /test/data
```

执行结果如图3-9所示。

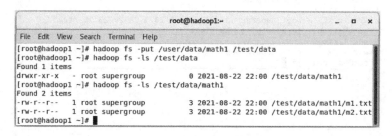

图3-9 hadoop fs-put 上传目录

hadoop fs - copyFromLocal 和 hadoop fs - put 用法类似。例如，下面两条命令功能一样：

```
hadoop fs -put/user/data/a2. txt /user/data/a3. txt /test
hadoop fs - copyFromLocal /user/data/a2. txt /user/data/a3. txt /test
```

4. 查看 HDFS 文件内容

可以使用 hadoop fs - cat、hadoop fs - text、hadoop fs - tail 等不同参数形式查看 HDFS 的文件内容。当然，只有文本文件的内容可以看清楚，其他类型的文件显示的可能是乱码。

例如，查看 HDFS/test/a1. txt 的内容，命令如下：

```
hadoop fs -cat /test/a1.txt
```

执行结果如图3-10所示。

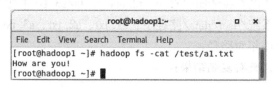

图3-10 查看 HDFS 文件内容

5. 移动 HDFS 文件

移动 HDFS 文件是将文件从源路径移动到目标路径。这个命令允许有多个源路径，此时目标路径必须是一个目录。不允许在不同的文件系统间移动文件。

使用方法：hadoop fs - mv URI［URI …］< dest >。

例如，将 HDFS /test/a2. txt 移动到/test/data 下，命令如下：

```
hadoop fs -mv /test/a2.txt /test/data
```

可用如下命令检查是否移动成功：

```
hadoop fs -ls /test
hadoop fs -ls /test/data
```

执行结果如图3-11所示，可以看出移动成功。

```
                        root@hadoop1:~                    _  □  ×

File  Edit  View  Search  Terminal  Help
[root@hadoop1 ~]# hadoop fs -mv /test/a2.txt /test/data
[root@hadoop1 ~]# hadoop fs -ls /test
Found 3 items
-rw-r--r--   1 root supergroup       13 2021-08-22 18:26 /test/a1.txt
-rw-r--r--   1 root supergroup       15 2021-08-22 18:30 /test/a3.txt
drwxr-xr-x   - root supergroup        0 2021-08-23 17:38 /test/data
[root@hadoop1 ~]# hadoop fs -ls /test/data
Found 2 items
-rw-r--r--   1 root supergroup       18 2021-08-22 18:30 /test/data/a2.txt
drwxr-xr-x   - root supergroup        0 2021-08-22 22:00 /test/data/math1
[root@hadoop1 ~]#
```

图 3-11　移动 HDFS 文件

6. 复制 HDFS 文件

复制 HDFS 文件是将文件从源路径复制到目标路径。这个命令允许有多个源路径，此时目标路径必须是一个目录。

使用方法：hadoop fs - cp URI［URI …］ < dest >。

例如，将 HDFS 的/test/a3. txt 复制到/test/data 下，命令如下：

```
hadoop fs -cp /test/a3.txt /test/data
```

可用如下命令检查是否复制成功：

```
hadoop fs -ls /test
hadoop fs -ls /test/data
```

执行结果如图 3-12 所示，可以看出复制成功。

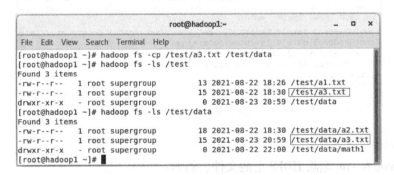

```
                        root@hadoop1:~                    _  □  ×

File  Edit  View  Search  Terminal  Help
[root@hadoop1 ~]# hadoop fs -cp /test/a3.txt /test/data
[root@hadoop1 ~]# hadoop fs -ls /test
Found 3 items
-rw-r--r--   1 root supergroup       13 2021-08-22 18:26 /test/a1.txt
-rw-r--r--   1 root supergroup       15 2021-08-22 18:30 /test/a3.txt
drwxr-xr-x   - root supergroup        0 2021-08-23 20:59 /test/data
[root@hadoop1 ~]# hadoop fs -ls /test/data
Found 3 items
-rw-r--r--   1 root supergroup       18 2021-08-22 18:30 /test/data/a2.txt
-rw-r--r--   1 root supergroup       15 2021-08-23 20:59 /test/data/a3.txt
drwxr-xr-x   - root supergroup        0 2021-08-22 22:00 /test/data/math1
[root@hadoop1 ~]#
```

图 3-12　复制 HDFS 文件

7. 将 HDFS 文件下载到本地

将文件从 HDFS 复制到本地称为文件下载。

有两种命令可以实现文件下载，一种是 hadoop fs -get；另一种是 hadoop fs -copyToLocal。两种命令的用法相同，下面以第一种为例介绍使用方法。例如：

```
mkdir /user/data/xiaz
```

在本地路径/user/data 下创建目录 xiaz，用于存储下载文件。

```
hadoop fs -get /test/data/a2.txt /user/data/xiaz
```

表示将 HDFS 的/test/data/a2. txt 下载到本地文件系统的/user/data/xiaz 下。

```
hadoop fs -get /test/a1.txt /test /a3.txt /user/data/xiaz
```

表示将 HDFS 的/test/a1. txt 和/test/a3. txt 下载到本地文件系统的/user/data/xiaz 下。
可以使用如下命令，查看下载结果：

```
ls /user/data/xiaz
```

执行结果如图 3-13 所示，可以看出下载成功。

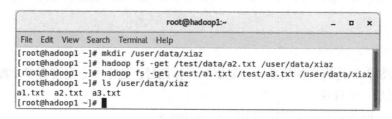

图 3-13　将 HDFS 文件下载到本地

除了可以下载文件外，还可以下载目录。例如，将 HDFS 的目录/test/data/math1
（math1 目录下有文件 m1. txt、m2. txt）下载到本地的/user/data/xiaz 下，命令如下：

```
hadoop fs -get /test/data/math1 /user/data/xiaz
```

执行结果如图 3-14 所示，可以看出下载成功。

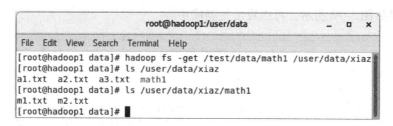

图 3-14　将 HDFS 上的目录下载到本地

8. 删除 HDFS 上的文件

可用 hadoop fs -rm 删除 HDFS 上的文件。例如：

```
hadoop fs -rm /test/data/a2.txt /test/data/a3.txt
```

此命令将 HDFS 上的/test/data/a2. txt 和/test/data/a3. txt 删除。
可用 hadoop fs -rm -R 删除 HDFS 上的目录。如果没有-R，则不能删除目录。例如：

```
hadoop fs -rm -R /test/data/math1
```

此命令将 HDFS 上/test/data/路径下的目录 math1 及 math1 下的文件删除。
多次使用 hadoop fs -ls /test/data 命令，是为了查看执行删除命令前后 HDFS 上/test/data
路径下文件和目录的变动情况。
执行结果如图 3-15 所示，可以看出删除是成功的。

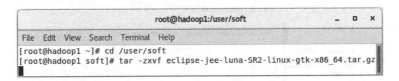

图 3-15　删除 HDFS 上的文件

3.3　HDFS Java API

Hadoop 使用 Java 语言编写，提供了丰富的 Java 应用程序编程接口（API）供开发人员调用。HDFS Shell 本质上就是对 Java API 的应用，凡是使用 Shell 命令可以完成的功能，都可以使用 Java API 来实现。在进行 Java API 编程之前，需要先搭建 Linux 操作系统下的 Eclipse 开发环境。

3.3.1　搭建 Linux 操作系统下的 Eclipse 开发环境

1. 安装并启动 Eclipse

可以从 https://www.eclipse.org/downloads/packages/release 下载各种版本的 Eclipse，也可以从编者提供的软件资源中找到 eclipse-jee-luna-SR2-linux-gtk-x86_64.tar.gz 文件，使用 WinSCP 将其上传到 CentOS 7 的/user/soft 目录下，准备安装。

首先使用 cd 命令切换到/user/soft 目录，然后使用 tar-zxvf eclipse-jee-luna-SR2-linux-gtk-x86_64.tar.gz 命令解压文件，如图 3-16 所示。

图 3-16　解压 eclipse-jee-luna-SR2-linux-gtk-x86_64.tar.gz

执行完毕后，生成/user/soft/eclipse，这就是 Eclipse 的主安装目录。输入命令/user/soft/eclipse/eclipse 即可启动 Eclipse。

2. 配置环境变量

每次启动 Eclipse，都要输入路径比较烦琐，所以可以为 Eclipse 配置环境变量，配置好后，不再需要输入路径，在任意位置输入 eclipse，就可以启动 Eclipse。环境变量的配置方法如下。

（1）执行 gedit /etc/profile 命令。打开文件 profile，在已有代码的尾部添加如下代码。

```
export ECLIPSE_HOME = /user/soft/eclipse
export PATH = $ECLIPSE_HOME: $PATH
```

单击 Save 按钮，然后退出。

（2）执行 source /etc/profile 命令，使修改生效。Eclipse 的环境变量配置完毕。

3. 为 Eclipse 安装 Hadoop 插件

要在 Eclipse 上开发 Hadoop 应用程序，需要先为 Eclipse 安装 Hadoop 插件。可以从网络下载 Hadoop 插件，也可以从编者提供的软件资源中找到 hadoop-eclipse-plugin-3.1.1.jar 文件，使用 WinSCP 将其上传到 CentOS 7 的/user/soft/eclipse/plugins 目录下，如图 3-17 所示。注意，一定要放在 Eclipse 安装目录下的 plugins 子目录中。

图 3-17　将 Hadoop 插件存放到 Eclipse 安装目录下的 plugins 子目录中

4. 在 Eclipse 中设置 Hadoop 的安装目录

重新启动 Eclipse，Eclipse 能够自动感知新增的 Hadoop 插件。在主界面的菜单中选择 Window，再选择 Preferences，在弹出的 Preferences 对话框中单击左边的 Hadoop Map/Reduce，然后单击 Hadoop installation directory 右边的 Browse···按钮，选择添加 Hadoop 的安装目录，如图 3-18 所示。输入完成后单击 OK 按钮返回到主界面。

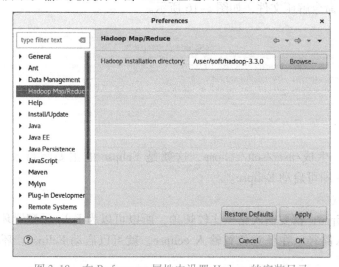

图 3-18　在 Preferences 属性中设置 Hadoop 的安装目录

5. 创建并配置 Map/Reduce Locations

在主界面的菜单中选择 Window，选择 Show View，再选择 Other，在弹出的 Show View 对话框中向下拖动滚动条，选择 MapReduce Tools，展开后选择 Map/Reduce Locations，如图 3-19 所示。

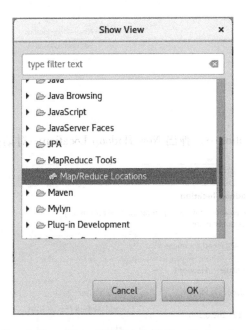

图 3-19　在 Show View 对话框中选择 Map/Reduce Locations

单击 OK 按钮返回到主界面，并在主界面中打开 Map/Reduce Locations 子窗口，如图 3-20 所示。

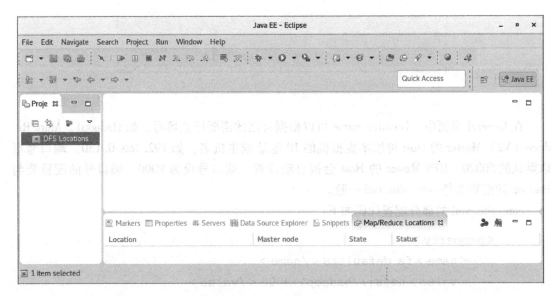

图 3-20　在 Eclipse 中打开的 Map/Reduce Locations 子窗口

将鼠标移动到 Map/Reduce Locations 子窗口内，单击鼠标右键，弹出列表式菜单，如图 3-21 所示。

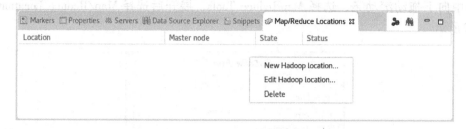

图 3-21　在 Map/Reduce Locations 子窗口中弹出列表式菜单

选择 New Hadoop Location…，弹出 New Hadoop Location…对话框，如图 3-22 所示。

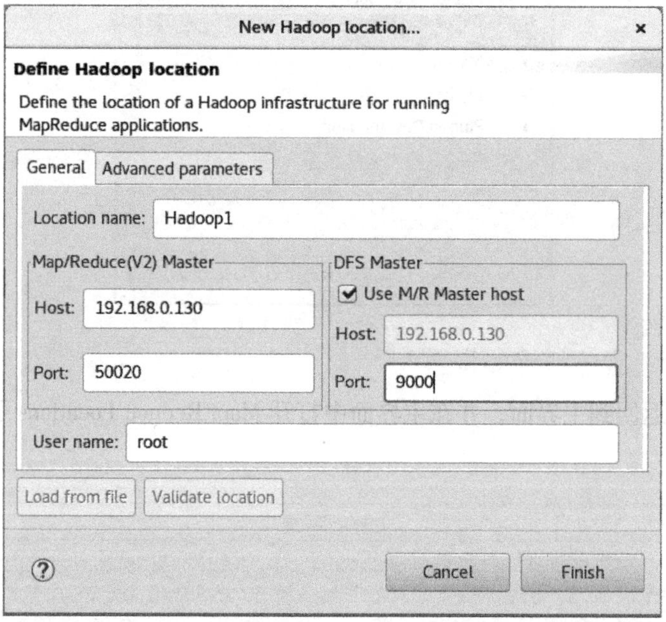

图 3-22　设置 Hadoop Location 属性

在 General 页面中，Location name 可以根据自己的需要任意填写，如 Hadoop1。Map/Reduce（V2）Master 的 Host 可填本虚拟机的 IP 地址或主机名，如 192.168.0.130，端口号可取默认的 50020。DFS Master 的 Host 会被自动设置，端口号设为 9000。端口号的配置要与 Hadoop 的配置文件 core-site.xml 一致。

core-site.xml 的部分配置代码如下：

```
< property >
    < name > fs. defaultFS < /name >
    < value > hdfs://hadoop1:9000 < /value >
< /property >
```

单击 Finish 按钮后，返回主界面。如果上述配置没有错误，将会在左边的 Project Explorer 窗口中的 DFS Locations 下看到新增的 Hadoop Location，如 Hadoop1。如果已经成功启动了 Hadoop，则可以展开看到 HDFS 中的目录和文件，如图 3-23 所示。

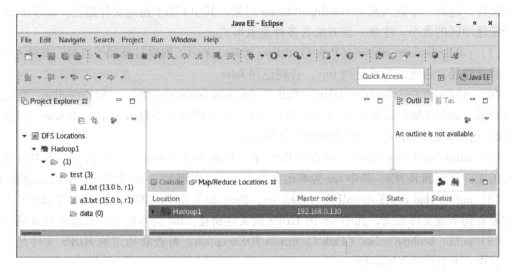

图 3-23　成功创建 Hadoop Location

3.3.2　HDFS Java API 常用的类

HDFS Java API 支持的文件操作包含打开文件、读/写文件、删除文件等，涉及如下几个类。

1. Configuration 类

Configuration 类将 HDFS 的客户端或服务器端的配置信息传递给 FileSystem。具体来讲，它会加载 etc/Hadoop/core-site.xml 文件中的配置信息。

Configuration 类的使用方法如下：

```
Configuration conf = new Configuration();
conf.set("fs.defaultFS","hdfs://192.168.0.130:9000");
```

2. FileSystem 类

FileSystem 是一个通用文件系统的抽象基类，可以被分布式文件系统继承，所有可能使用 Hadoop 文件系统的程序都要使用这个类。Hadoop 为 FileSystem 这个抽象类提供了多种具体实现，DistributedFileSystem 就是 FileSystem 在 HDFS 中的具体实现。该类是一个抽象类，只能通过类的 get 方法来得到具体对象。

FileSystem 类的常见方法如下：

（1）public static FileSystem get（Configuration conf）throws IOException：根据配置信息返回文件系统实例。

（2）public static FileSystem get（URI uri，Configuration conf）throws IOException：根据 URI 方案和配置信息返回文件系统实例。

（3）public FSDataOutputStream create（Path f，Boolean overwrite）throws IOException：创建文件，返回一个输出流 FSDataOutputStream 对象，其中 f 用于指定文件路径，overwrite 用

于指定是否覆盖现有文件。注意，该方法有多种重载形式。

（4）public abstract FSDataInputStream open（Path f，int bufferSize）throws IOException：打开文件，返回一个输入流 FSDataInputStream 对象，其中 f 用于指定文件路径，bufferSize 用于指定缓冲区的大小。注意，该方法有多种重载形式。

（5）public boolean mkdirs（Path f）throws IOException：创建目录和子目录，其中 f 是完整的目录路径。创建成功后返回 true，否则返回 false。

（6）public abstract boolean delete（Path f，boolean recursive）throws IOException：删除文件或目录，如果要同时删除子目录（非空目录），则需要设置参数 recursive 为 true。如果删除失败（比如文件不存在），则会抛出 I/O 异常。

（7）public void copyFromLocalFile（Path src，Path dst）throws IOException：将本地文件系统的文件复制到 HDFS，其中 src 为本地文件系统的文件路径，dst 为 HDFS 上的目录路径。

（8）public void copyToLocalFile（Path src，Path dst）throws IOException：将 HDFS 上的文件复制到本地文件系统，其中 src 为 HDFS 的文件路径，dst 为本地文件系统的目录路径。

（9）public boolean exists（Path f）throws IOException：可查看指定的 HDFS 文件是否存在，其中 f 用于指定文件路径。

（10）public abstract boolean rename（Path src，Path dst）throws IOException：可为指定的 HDFS 目录或文件重命名，src 表示要重命名的目录或文件路径，dst 表示重命名后的目录或文件新路径。重命名成功后返回 true，否则返回 false。

（11）public abstract FileStatus getFileStatus（Path f）throws IOException：获取文件系统的目录和文件的元数据信息。

3. FSDataInputStream 类

FileSystem 对象调用 open() 方法返回的是 FSDataInputStream 的对象，而不是标准的 java. io 类对象，FSDataInputStream 类继承了 java. io. DataInputStream 类。这个类重载了多种 read 方法，用于读取多种类型的数据。下面是一种常用的 read 方法。

public int read（ByteBuffer buf）throws IOException：输入流对象调用该方法从源中试图读取 buf 长度个字节数据，并将它们存储到缓冲区 buf 中，返回值为实际读取的字节数。

4. FSDataOutputStream 类

FileSystem 对象调用 create() 方法返回的是 FSDataOutputStream 的对象，FSDataOutputStream 类继承了 java. io. DataOutputStream 类。该类继承 write 方法。

public void write（byte[ ]b）throws IOException：输出流对象调用该方法向输出流写入一个字节数组。

5. FileStatus 类

FileStatus 类封装了 HDFS 中文件和目录的元数据信息，包括文件大小、存放路径、块大小、备份数、所有者、修改时间以及权限等信息。

若要完全了解 HDFS Java API 的用法，可查看 Hadoop 安装目录 hadoop-3. 3. 0/share/doc/hadoop/api 下的文档。

3.3.3　HDFS Java API 编程

下面通过一些示例介绍如何用 HDFS Java API 编写应用程序。

【例 3-1】 在 HDFS 上创建文本文件，并向该文件中写入文本信息，然后将该文件内容读出。

```java
import org.apache.hadoop.conf.Configuration;
import org.apache.hadoop.fs.FSDataInputStream;
import org.apache.hadoop.fs.FSDataOutputStream;
import org.apache.hadoop.fs.FileSystem;
import org.apache.hadoop.fs.Path;
public class WriteandRead {
    public static void main(String[]args){
        try {        /* * 获取 Hadoop 配置信息 * /
            Configuration conf = new Configuration();
            conf.set("fs.defaultFS","hdfs://192.168.0.130:9000");
            /* * 创建文件系统实例对象 fs * /
            FileSystem fs = FileSystem.get(conf);
            /* * 创建 Path 路径实例 * /
            Path file = new Path("hdfs://192.168.0.130:9000/test/t5.txt");
            /* * 创建输出流 * /
            FSDataOutputStream putOut = fs.create(file);
            String xString = "Hello Hadoop!";
            /* * 设置输出字节数组,并写入输出流 * /
            putOut.write(xString.getBytes());
            putOut.close();                    //关闭输出流
            FSDataInputStream getIn = fs.open(file);//创建输入流
            byte b1[] = new byte[100];          //创建缓存数组
            int a = getIn.read(b1);             //将数据读入缓存数组
            /* * 根据实际读入字节数生成字符串 * /
            String content = new String(b1,0,a);
            System.out.println(content);
            getIn.close();                     //关闭输入流
            fs.close();//
        } catch(Exception e){
            e.printStackTrace();
        }
    }
}
```

下面介绍使用 Eclipse 开发 Hadoop 程序的步骤：

（1）在 Eclipse 主界面的菜单栏中选择 File→New→Other，在弹出的 New 窗口中选择

Map/Reduce Project，如图 3-24 所示。虽然上面的程序不是 Map/Reduce 程序，但是根据图 3-18 配置了 Hadoop 的安装目录，如果选择 Map/Reduce Project，Eclipse 就会自动获取 Hadoop 安装目录下的有关 jar 文件。

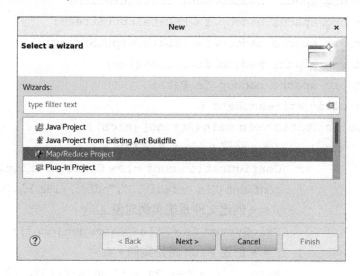

图 3-24　新建 Map/Reduce Project

（2）单击图 3-24 中的 Next 按钮，在弹出的对话框中填入项目名称，如 WriteandRead，如图 3-25 所示。

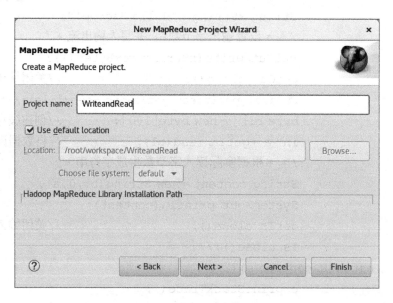

图 3-25　项目名称 WriteandRead

（3）单击图 3-25 中的 Next 按钮，Eclipse 会弹出 New MapReduce Project Wizard 对话框，选择 Libraries 页面，Eclipse 自动感知到已安装的 JRE（Java 运行时环境），如图 3-26 所示。

（4）单击图 3-26 中的 Finish 按钮，返回主界面，会发现在 Project Explorer 中新增了一个名为 WriteandRead 的项目，如图 3-27 所示。

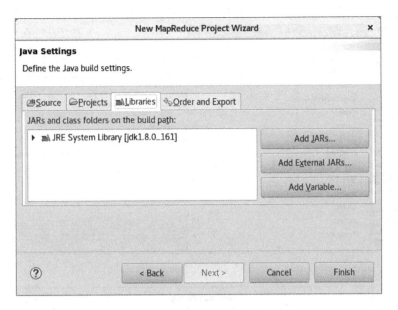

图 3-26　Eclipse 自动感知到已安装的 JRE

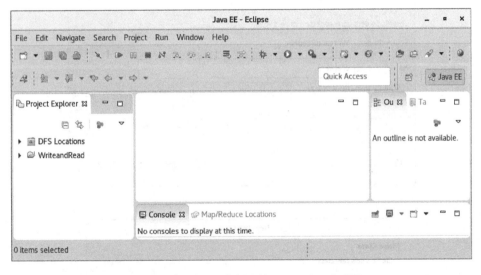

图 3-27　在 Eclipse 中新建的 WriteandRead 项目

（5）新建一个 Java 包。选择 WriteandRead 项目下的 src，单击鼠标右键，选择 New→ Package，如图 3-28 所示。

在弹出的 New Java Package 对话框中输入包名称，如 chapter3，如图 3-29 所示。单击 Finish 按钮，返回到 Eclipse 主界面。

（6）选择刚创建的包 chapter3，单击鼠标右键，选择 New→Class，弹出 New Java Class 对话框，输入类名称，如 WriteandRead，如图 3-30 所示。

（7）单击 Finish 按钮，返回到 Eclipse 主界面。这时 Eclipse 打开了类编辑窗口，将例 3-1 的代码复制到 WriteandRead. java 文件编辑区，然后保存，如图 3-31 所示。

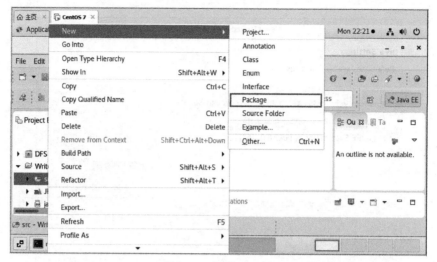

图 3-28　新建 Java 包

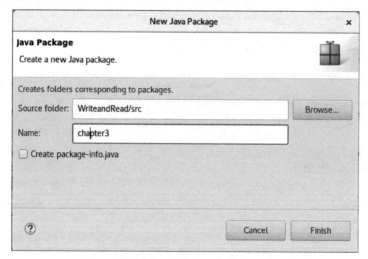

图 3-29　输入 Java 包名称

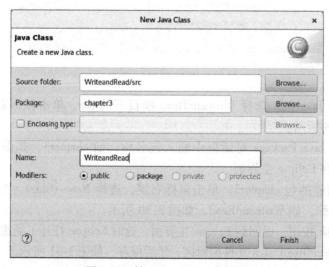

图 3-30　输入 Java Class 类名称

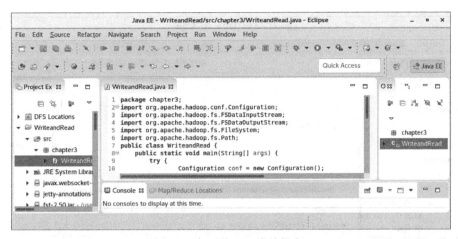

图 3-31　打开的 Java 类编辑窗口

（8）将 Hadoop 安装目录 hadoop-3.3.0/etc/hadoop 下的 log4j. properties 复制到本项目的 src 目录下。将鼠标移动到代码编辑区，单击鼠标右键，选择 Run As，进一步选择 Run on Hadoop，即可运行程序，如图 3-32 所示。注意，在运行程序前，一定要成功启动 Hadoop。

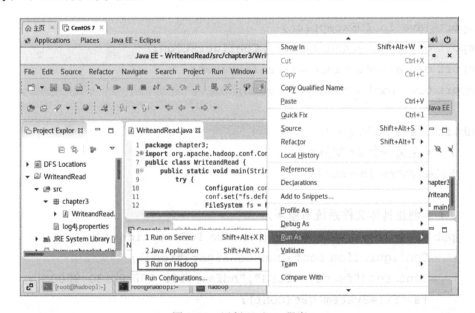

图 3-32　运行 Hadoop 程序

程序执行完毕后，在 Project Explorer 中将鼠标移动到 Hadoop1 上，单击鼠标右键，选择 Reconnect，可以看到在 HDFS 的 test 目录下新增了文件 t5. txt。双击 t5. txt，t5. txt 的文本内容是"Hello Hadoop!"，Console 窗口是从 t5. txt 读出的文本内容，也是"Hello Hadoop!"，如图 3-33 所示。

下面的示例演示了使用 HDFS Java API 也能实现 HDFS Shell 命令同样的功能。

【例 3-2】　使用 HDFS Java API 操作 HDFS 上的文件和目录，主要实现了如何获取 File-System 实例、上传文件、下载文件、重命名文件、创建和删除目录等功能。

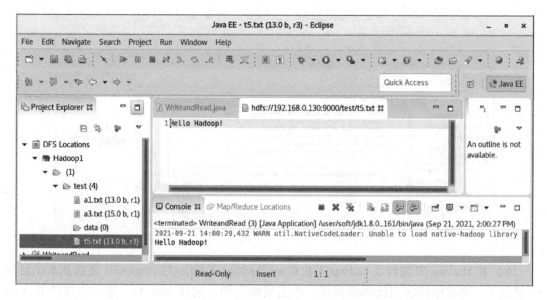

图 3-33　查看程序的执行结果

```java
import java. io. IOException;
import org. apache. hadoop. conf. Configuration;
import org. apache. hadoop. fs. FileSystem;
import org. apache. hadoop. fs. Path;


public class HdfsApi {
    /* *定义一个 fs 变量 */
    FileSystem fs = null;

    /* *创建具体文件系统对象 */
    public void getfileSystem()throws IOException{
        Configuration conf = new Configuration();
        conf. set("fs. defaultFS","hdfs://192. 168. 0. 130:9000");
        fs = FileSystem. get(conf);
    }
```

/* *本地文件上传到 HDFS,其中 src 为本地文件系统的文件路径,dst 为 HDFS 上的目录路径 */

```java
    public void testAddFileToHdfs (String src, String dst) throws IOEx-
    ception{
        Path srcPath = new Path(src);
        Path dstPath = new Path(dst);
```

```
        fs. copyFromLocalFile(srcPath,dstPath);
    }
```

/＊＊下载 HDFS 文件到本地,其中 src 为 HDFS 的文件路径,dst 为本地文件系统的目录路径＊/

```
    public void testAddFileToLocal(String src,String dst) throws IOException{
        Path srcPath = new Path(src);
        Path dstPath = new Path(dst);
        fs. copyToLocalFile(srcPath,dstPath);
    }
```

/＊＊创建 HDFS 目录,mk 为 HDFS 上的目录路径＊/

```
    public void testMakeDir(String mk) throws IOException{
        boolean isSuccess = fs. mkdirs(new Path(mk));
        if(isSuccess = = true)
            System. out. println("创建成功");
        else
            System. out. println("创建失败");
    }
```

/＊＊删除 HDFS 目录/文件,del 为指定要删除的目录/文件,recursive 控制是否递归删除＊/

```
    public void testDel(String del,boolean recursive) throws IOException{
        boolean boo = fs. delete(new Path(del),recursive);
        if(boo = = true)
            System. out. println("删除成功");
        else
            System. out. println("删除失败");
    }
```

/＊＊为指定的 HDFS 目录/文件重命名,oldn 表示要重命名的目录/文件路径,newn 表示重命名后的目录/文件新路径＊/

```
    public void rename(String oldn,String newn) throws IOException{
        Path oldPath = new Path(oldn);
        Path newPath = new Path(newn);
        boolean  isExists = fs. exists(oldPath);
```

```
        if(isExists = = true){
            boolean boorename = fs. rename(oldPath,newPath);
            System. out. println(boorename?"修改成功!":"修改失败!");
        }
        else
            System. out. println(oldn + "文件不存在");
    }

    public static void main(String args[]){
        HdfsApi hApi = new HdfsApi();
      try{ hApi. getfileSystem();
        hApi. testAddFileToHdfs("/user/data/a2. txt","/test");
        hApi. testAddFileToLocal("/test/a3. txt","/user/data/xiazai");
        hApi. testMakeDir("/test/dir1");
        hApi. testDel("/test/temp",true);
        hApi. rename("/test/zhangsan. txt","/test/lisi. txt");
        hApi. fs. close();
        } catch(Exception e){
        e. printStackTrace();
        }
    }
}
```

使用 HDFS Java API 不仅可以实现对文件和目录的各种操作，还可以读取文件和目录的元数据信息。下面的示例演示了通过 FileStatus 类读取各种元数据信息。

【例3-3】 HDFS API FileStatus 类的应用

```
import org. apache. hadoop. conf. Configuration;
import org. apache. hadoop. fs. FileStatus;
import org. apache. hadoop. fs. FileSystem;
import org. apache. hadoop. fs. Path;

public class FileStatusTest {
    public static void main(String[ ]args){
        try {
        Configuration conf = new Configuration();
        conf. set("fs. defaultFS","hdfs://192. 168. 0. 130:9000");
                                            //获取 Hadoop 配置信息
        FileSystem fs =FileSystem. get(conf);   //创建文件系统实例对象 fs
```

```
        Path file1 = new Path("/test/t5.txt");      //设置一个文件路径
        FileStatus fileStatus = fs. getFileStatus ( file1);
                                                    //获取文件元数据信息
        System. out. println("文件的绝对路径:" + fileStatus. getPath ());
        System. out. println("块的大小:" + fileStatus. getBlockSize ());
        System. out. println("文件的所有者:
    " + fileStatus. getOwner () + ":" + fileStatus. getGroup ());
        System. out. println("文件的长度:" + fileStatus. getLen ());
        System. out. println("文件权限:" + fileStatus. getPermission ());
        System. out. println("修改时间:" + fileStatus. getModificationTime ());
        Path file2 = new Path ("/test");            //设置一个目录路径
        FileStatus []st1 = fs. listStatus ( file2);
        for (int i = 0; i < st1. length; i + +) {
            System. out. println("文件及所在位置:" + st1[i]. getPath ().
    toString ());
        }
    } catch (Exception e) {
            e. printStackTrace ();
    }
    }
}
```

程序运行结果如图 3-34 所示。

图 3-34 FileStatus 类的应用程序运行结果

3.4 本章小结

HDFS 利用由廉价硬件构成的计算机集群实现海量数据的分布式存储,具有高容错、高可靠、高可扩展和高吞吐量等特性。

本章首先介绍了 HDFS 的架构和原理,包括计算机集群结构、HDFS 的假设前提和设计目标、HDFS 体系结构和 HDFS 存储原理等内容。接着介绍了如何通过 HDFS Shell 命令操作 HDFS。最后介绍了如何搭建 Eclipse 开发环境，以及如何使用 HDFS Java API 操作 HDFS，并给出了多个应用实例。

习　题

3-1　简述 HDFS 体系结构。

3-2　使用 HDFS Shell 命令，在 HDFS 上创建目录/zhangsan/test。

3-3　使用 HDFS Shell 命令，将本地文件系统的一个文本文件上传到 HDFS 上的/zhangsan/test 目录下，文件命名为 t1. txt。

3-4　使用 HDFS Shell 命令，将 HDFS 上的/zhangsan/test/t1. txt 复制到 HDFS 上的/zhangsan/目录下。

3-5　通过 HDFS Java API 编程，读出 HDFS 上/zhangsan/test/t1. txt 的文件内容。

实验　HDFS 基本命令的使用和 HDFS 的 Java 编程

1. 实验目的

（1）掌握 HDFS 基本命令。

（2）掌握读/写 HDFS 的 Java 编程方法。

2. 实验环境

操作系统：CentOS 7（虚拟机）。

Hadoop 版本：3. 3. 0。

JDK 版本：1. 8。

Java IDE：Eclipse。

3. 实验内容和要求

（1）使用 HDFS 基本命令完成以下操作：

① 显示根目录下的子目录和文件。

② 在 HDFS 根目录下创建一个名为 test 的目录。

③ 在 HDFS 的 test 目录下创建一个名为 input 的目录。

④ 将 b. txt 上传到 test 目录下。

⑤ 将 test 目录下的 b. txt 转移到 input 目录下。

⑥ 将 input 目录下的 b. txt 复制到 test 目录下。

⑦ 删除 input 目录及 input 目录下的文件。

（2）使用 Java 编程的方法读取 HDFS 上 test 目录下的文件 b. txt，并显示文件内容。

第 4 章

分布式计算框架 MapReduce

MapReduce 是 Hadoop 的核心组件之一，是一种并行编程模型，主要用于海量数据的并行运算。基于它编写的应用程序能够运行在由大量廉价机器组成的集群上，并以一种可靠的方式并行处理 TB 级别的数据集。MapReduce 将复杂的、运行于大规模集群上的并行计算过程高度地抽象到 map( ) 和 reduce( ) 两个函数上，给分布式编程带来了极大的方便。软件开发人员可以在不会分布式并行编程的情况下，将自己的程序运行在分布式系统上，完成大数据集的计算。

本章首先简单介绍 MapReduce 并行编程模型，阐述其工作流程，然后以 WordCount 为例介绍 MapReduce 程序设计方法，最后讲解 MapReduce 编程实例。

4.1 认识 MapReduce

为了降低软件开发人员的编程难度，MapReduce 框架隐藏了很多内部功能的实现细节，实现了自动并行处理。本节将简单地介绍分布式并行编程、MapReduce 核心思想、MapReduce 运行环境和 Hadoop 内置数据类型。

4.1.1 分布式并行编程

单个计算机的 CPU、内存和硬盘等资源是有限的，所以在处理海量数据时，无法高效地完成大量运算。一种有效的解决方案是借助于分布式并行编程来提高程序性能。分布式程序运行在大规模计算机集群上，可以并行执行大规模数据处理任务，从而获得海量的计算能力。同时通过向集群中增加新的计算机，可以很容易地扩充集群的计算能力。

MapReduce 最早是由 Google 公司提出的一种面向大规模数据处理的分布式并行计算模型，Hadoop MapReduce 是它的开源实现。Hadoop MapReduce 一般运行在 Hadoop 分布式文件系统之上。Hadoop MapReduce 简称为 MapReduce，后面出现的 MapReduce 都是指 Hadoop MapReduce。

4.1.2 MapReduce 核心思想

MapReduce 是 Hadoop 生态系统中的一款分布式并行运算框架，它提供了非常完善的分布式架构，能自动完成计算任务的并行化处理，自动划分计算数据和计算任务，在集群节点上自动分配和执行任务以及收集计算结果，将数据分布存储、数据通信、容错处理等并行计算涉及的很多系统底层的复杂细节交由系统负责处理，大大减少了软件开发人员的负担，可以让软件开发人员专注业务逻辑本身。

用 MapReduce 来处理的数据集必须具备这样的特点：待处理的数据集可以分解成许多

75 ▶▶

小的数据集，而且每一个小数据集都可以完全独立地进行并行处理。

MapReduce 采用"分而治之"的核心思想，即将一个大数据集通过一定的数据划分方法，分成多个较小的数据集，各小的数据集之间不存在依赖关系，将这些小的数据集分配给不同的节点去处理，最后将处理的结果进行汇总，从而形成最终的结果。

MapReduce 设计的一个理念就是"计算向数据靠拢"，因为在大规模数据环境下，移动数据需要大量的网络传输开销。只要有可能，MapReduce 就会将 Map 程序分配到数据所在的节点上运行，从而减少节点之间的数据传输开销。

最简单的 MapReduce 应用程序至少包含 3 个部分：map 函数、reduce 函数和 main 函数。在运行一个 MapReduce 程序时，整个处理过程被分为 Map 阶段和 Reduce 阶段，每个阶段都是用键/值（key/value）对作为输入和输出。main 函数是 MapReduce 应用程序的入口，它将文件输入/输出和任务控制结合起来。

4.1.3　MapReduce 运行环境

由于从 Hadoop 2.0 开始采用了 YARN 来进行统一资源管理和调度，所以 MapReduce 的运行环境就是 YARN，MapReduce 程序以客户端的形式向 YARN 提交任务。

另一种资源协调者（Yet Another Resource Negotiator，YARN）是 Hadoop 2.0 中的资源管理和调度框架，YARN 的目标就是实现"一个集群多个框架"，即在一个集群上部署一个统一的资源调度管理框架 YARN，在 YARN 之上不仅可以运行 MapReduce，还可以运行 Spark、Storm、Tez 等计算框架。YARN 的引入为集群在资源统一管理和数据共享等方面带来了很大方便。

YARN 采用主/从（Master/Slave）架构，包括 ResourceManager、ApplicationMaster 和 NodeManager 3 个核心组件。ResourceManager 运行在主节点，负责整个集群的资源管理和分配；每个应用程序拥有一个 ApplicationMaster，ApplicationMaster 管理一个在 YARN 内运行的应用程序实例，负责申请资源、任务调度和任务监控；NodeManager 运行在从节点，整个集群有多个 NodeManager，负责单节点资源的管理和使用。

YARN 引入了一个逻辑概念：Container（容器），它将各类资源（如 CPU、内存）抽象化，方便从节点 NodeManager 管理本机资源，主节点 ResourceManager 管理集群资源。

4.1.4　Hadoop 内置数据类型

为了解决集群中各节点间的数据传输问题，Hadoop 对 Java 基本数据类型进行了封装，设计了一套数据类型。常见的内置数据类型如下所示，这些数据类型都实现了 WritableComparable 接口，大部分数据类型包含了 get( ) 和 set( ) 方法，用于读取或存储封装的值。

（1）ByteWritable：字节类型。

（2）IntWritable：整型类型。

（3）LongWritable：长整型类型。

（4）BooleanWritable：布尔类型。

（5）FloatWritable：单精度浮点数类型。

（6）DoubleWritable：双精度浮点数类型。

（7）Text：使用 UTF-8 格式存储的文本类型。

（8）NullWritable：空对象，当 < key，value > 中的 key 或 value 为空时使用。

【例 4-1】 Hadoop 常见数据类型的应用。

```java
import org.apache.hadoop.io.DoubleWritable;
import org.apache.hadoop.io.IntWritable;
import org.apache.hadoop.io.Text;

public class HadoopDataTypeTest {
    /*使用 hadoop 的 Text 类型*/
    public static void testText(){
        System.out.println("testText:");
        Text text = new Text("Hello world!");
        System.out.println(text.toString());
        System.out.println(text.find("r"));
        System.out.println(text.getLength());
        text.set("Hello,hadoop!");
        System.out.println(text.toString());
    }
    /*使用 hadoop 的 IntWritable 类型*/
    public static void testIntWritable(){
        System.out.println("testIntWritable:");
        IntWritable intWritable = new IntWritable(5);
        System.out.println("intWritable = " + intWritable);
        int i = intWritable.get() +1;
        intWritable.set(i);
        System.out.println("intWritable = " + intWritable);
    }
    /*使用 hadoop 的 DoubleWritable 类型*/
    public static void testDoubleWritable(){
        System.out.println("testDoubleWritable:");
        DoubleWritable doubleWritable = new DoubleWritable(6.5);
        System.out.println("doubleWritable = " + doubleWritable);
        double d = doubleWritable.get() +1.3;
        doubleWritable.set(d);
        System.out.println("doubleWritable = " + doubleWritable);
    }
    public static void main(String args[]){
        testText();
        testIntWritable();
```

```
        testDoubleWritable();
    }
}
```

程序运行结果如图 4-1 所示。

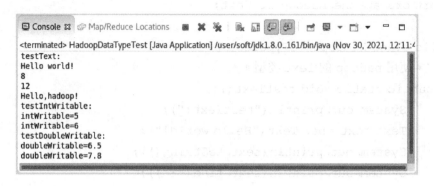

```
☐ Console ☒  ☐ Map/Reduce Locations    ■ ✖ ✖ | 🔎 🗐 🗗 🗗 | 🗗 🗗 ▾ 🗂 ▾ | ▭ ▭
<terminated> HadoopDataTypeTest [Java Application] /user/soft/jdk1.8.0_161/bin/java (Nov 30, 2021, 12:11:4
testText:
Hello world!
8
12
Hello,hadoop!
testIntWritable:
intWritable=5
intWritable=6
testDoubleWritable:
doubleWritable=6.5
doubleWritable=7.8
```

图 4-1　程序运行结果

4.2　MapReduce 工作流程

理解 MapReduce 的工作流程，是理解 MapReduce 程序的关键，是编写 MapReduce 程序的前提。本节首先阐述 MapReduce 的各个执行阶段，然后对 Shuffle 过程进行剖析。

4.2.1　MapReduce 工作流程概述

MapReduce 的工作流程如图 4-2 所示。每个 MapReduce 任务都被初始化为一个 Job。每个 Job 又可以分为两个阶段：Map 阶段和 Reduce 阶段。在这两个阶段分别自定义了 map( ) 函数和 reduce( ) 函数，这两个函数把数据从一个数据集转换为另一个数据集。

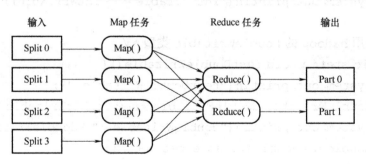

图 4-2　MapReduce 的工作流程

MapReduce 把待处理的数据集分割成许多小数据集（splits），每个小数据集称为一个 Split，并将其解析成 < key，value > 形式的键/值对，Hadoop 为每个 Split 创建一个 Map 任务，执行用户自己定义的 map( ) 函数，会生成以 < key，value > 形式的许多中间结果。然后这些中间结果会被分发到多个 Reduce 任务，在多台计算机上并行执行，具有相同 key 的 < key，value > 会被发送到同一个 Reduce 任务。Reduce 任务首先对从不同 Map 接收来的中间结果进行归并，得到 < key，list of values > 形式的数据，然后调用 reduce() 函数，对 < key，list of values > 形式的数据进行相应的处理，得出 < key，value > 形式最后结果，并输出到分布式文件系统。

在 MapReduce 的执行过程中，Map 任务的输入文件和 Reduce 任务的处理结果都是保存在分布式文件系统中，而 Map 任务输出的中间结果保存在本地文件系统中。

4.2.2　Shuffle 过程分析

Shuffle 过程是 MapReduce 的核心过程。理解 Shuffle 过程的基本原理，对于理解 MapReduce 的工作流程和编写 MapReduce 程序非常重要。

Shuffle 的本义是洗牌，MapReduce 中的 Shuffle 是指对 Map 输出结果进行分区、排序、归并、合并等操作并交给 Reduce 的过程。Shuffle 过程分为 Map 端的操作和 Reduce 端的操作，如图 4-3 所示。

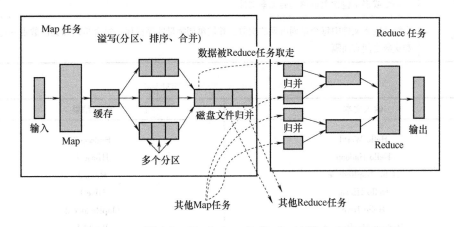

图 4-3　MapReduce 的 Shuffle 过程

1. Map 端的 Shuffle

每个 Map 任务都有一个内存缓冲区，Map 的输出结果首先被写入缓冲区，当缓冲区快满时，就启动溢写操作，将缓冲区的数据以一个临时文件的方式存放到磁盘，并清空缓冲区。当启动溢写操作时，首先需要把缓冲区中的数据进行分区，然后对每个分区的数据进行排序，还有一个可选的合并（Combine）操作。如果软件开发人员事先定义了合并操作，则会执行合并操作。否则，不会执行合并操作。之后再写入磁盘文件。每次溢写操作都会在磁盘中生成一个新的溢写文件，随着 Map 任务的执行，磁盘中就会生成越来越多的溢写文件。在 Map 任务全部结束之前，系统会对所有溢写文件中的数据进行归并（Merge），生成一个大的溢写文件，这个大的溢写文件中的所有键/值对也是经过分区和排序的。然后通知相应的 Reduce 任务来"领取"属于自己处理的数据。

合并和归并的区别：对于两个键/值对 < "x"，1 > 和 < "x"，1 >，如果合并，则会得到 < "x"，2 >；如果归并，则会得到 < "x"，< 1，1 >>。

2. Reduce 端的 Shuffle

Reduce 端的 Shuffle 过程较简单，Reduce 任务只需从不同 Map 机器"领取"属于自己处理的那部分数据，然后执行归并操作，最后交给 reduce() 函数处理。

4.3 MapReduce 入门示例：WordCount

本节以 Hadoop 自带的 WordCount 程序为例，介绍 WordCount 程序任务，创建并上传被统计的文件，分析 WordCount 执行过程，最后介绍 WordCount 编程实践。

4.3.1 WordCount 程序任务

Hadoop 自带了一个 MapReduce 入门示例 WordCount。WordCount 程序任务如表 4-1 所示，表 4-2 给出了一个 WordCount 的输入和输出实例。

表 4-1 WordCount 程序任务

项目	描述
输入	一个或多个包含大量单词的文本文件
输出	统计输入文件中每个单词出现的次数，并按单词字母顺序排序，每个单词和其次数占一行，单词和次数之间有间隔

表 4-2 WordCount 的输入和输出实例

输入文本	输出结果
Hello World	Hadoop 2
Hello Hadoop	HBase 1
Hello MapReduce	Hello 5
Hello HBase	Hive 1
Hello Hive	MapReduce 2
Hadoop MapReduce	World 1

4.3.2 准备被统计的文件

在 WordCount 执行之前，需要创建并上传被统计的文件。注意，上传文件之前，一定要启动 Hadoop。

1. 创建文件

打开 CentOS 7 中用于存放用户数据的文件夹，单击鼠标右键，选择 Open Terminal，打开 Shell 终端，输入命令：gedit f1. txt，创建并打开 f1. txt，输入内容，如图 4-4 所示。单击 Save 按钮，保存并退出 gedit。

用同样的方法创建 f2. txt，输入内容如下所示。

```
Hello Hbase
Hello Hive
Hadoop MapReduce
```

2. 上传文件到 HDFS

输入如下命令，创建 test2 目录，上传 f1. txt 和 f2. txt。

图 4-4　创建 f1. txt

```
hadoop fs -mkdir /test2          //在 HDFS 根目录下创建 test2
hadoop fs -put f1.txt /test2     //上传 f1.txt 到 HDFS 的/test2 下
hadoop fs -put f2.txt /test2     //上传 f2.txt 到 HDFS 的/test2 下
```

4.3.3　WordCount 执行过程分析

下面以 WordCount 程序统计 f1. txt 和 f2. txt 为例，分析 MapReduce 程序的执行过程。

1. 拆分输入数据

拆分数据属于 Map 的输入阶段。由于这两个文件较小，所以每个文件为一个 split，系统会逐行读取文件中的数据，并将其分割作为 value，偏移量作为 key，组成 < key, value > 形式的键/值对，如图 4-5 所示。这一步由 MapReduce 框架自动完成，图 4-5 中的 0，12 等数值为一行文本开始处的偏移量，它是包括空格、回车符在内的字符数。

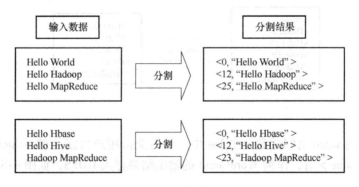

图 4-5　拆分输入数据

2. 执行 map( ) 函数

分割完成以后，系统将分割好的 < key, value > 对交给用户定义的 map( ) 函数进行处理。map( ) 函数以空格、回车等符号为分隔符将每行文本进行拆分，拆分为多个单词，生成新的 < key, value > 对，其中 key 为某个单词，value 为 1，如图 4-6 所示。

3. Map 端的 Shuffle

系统在得到 map( ) 函数输出的 < key, value > 对以后，Map 端会将它们按照 key 进行排序，并执行合并操作，将 key 值相同的 value 值进行累加，得到 Map 端的最终输出结果，并写入本地磁盘，如图 4-7 所示。

4. Reduce 端的操作

Reduce 端从不同 Map 机器"领取"属于自己处理的那部分数据，先对数据进行排序，

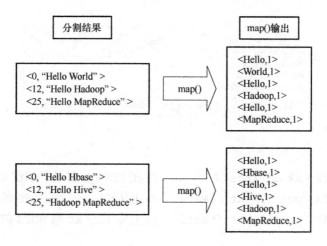

图 4-6　执行用户定义的 map( ) 函数

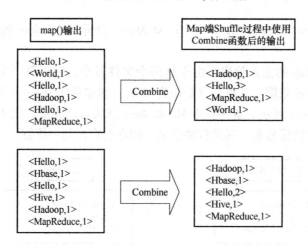

图 4-7　执行合并操作的 Map 端 Shuffle 过程

并将 key 值相同的 value 值归并到一个 list 中，然后交由用户自定义的 reduce( ) 函数处理。得到新的 < key, value > 对，作为 WordCount 的输出结果存入 HDFS，如图 4-8 所示。

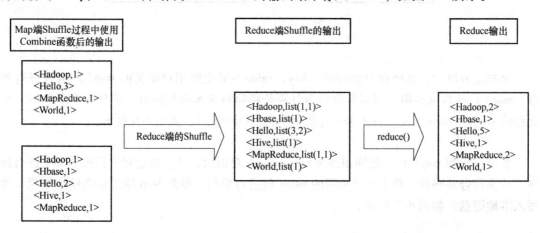

图 4-8　Reduce( ) 端的操作

4. 3. 4 WordCount 编程实践

使用 Eclipse 开发 MapReduce 程序的步骤与第 3 章开发 HDFS 程序相同，WordCount 的源代码可以从解压 $ HADOOP_HOME($ HADOOP_HOME 表示 Hadoop 的安装目录) /share/ha-doop/mapreduce/sources/hadoop- mapreduce- examples-3. 3. 0- sources. jar 中 获 取。WordCount 的源代码如下，为了好理解，添加了部分注释。

```
import java. io. IOException;
import java. util. StringTokenizer;

import org. apache. hadoop. conf. Configuration;
import org. apache. hadoop. fs. Path;
import org. apache. hadoop. io. IntWritable;
import org. apache. hadoop. io. Text;
import org. apache. hadoop. mapreduce. Job;
import org. apache. hadoop. mapreduce. Mapper;
import org. apache. hadoop. mapreduce. Reducer;
import org. apache. hadoop. mapreduce. lib. input. FileInputFormat;
import org. apache. hadoop. mapreduce. lib. output. FileOutputFormat;
import org. apache. hadoop. util. GenericOptionsParser;


public class WordCount {
    /* * 自定义的 TokenizerMapper 类继承 Mapper 类。< Object,Text,Text,
IntWritable >分别用来指定 Map 的输入 key 值类型、输入 value 值类型、输出 key
值类型、输出 value 值类型 * /
    public static class TokenizerMapper
        extends Mapper < Object,Text,Text,IntWritable >{
    private final static IntWritable one = new IntWritable(1);
    private Text word = new Text();
    /* * key 记录的数据的偏移量,value 是每次 split 提供给程序读取的一行数据 * /
    public void map(Object key,Text value,Context context
                )throws IOException,InterruptedException {
    /* * StringTokenizer 用于字符串分解,默认的分隔符是空格(" ")、制表符
(\t)、换行符(\n)、回车符(\r) * /
    StringTokenizer itr = new StringTokenizer(value. toString());
    while(itr. hasMoreTokens()){
        word. set(itr. nextToken());
        context. write(word,one);      //以 < word,1 >的形式输出
    }
```

```
        }
    }
```

/＊＊自定义的 IntSumReducer 类继承 Reducer 类。＜Text,IntWritable,
Text,IntWritable＞分别用来指定 Reduce 的输入 key 值类型、输入 value 值类型、
输出 key 值类型、输出 value 值类型＊/

```
    public static class IntSumReducer
        extends Reducer＜Text,IntWritable,Text,IntWritable＞{
        private IntWritable result = new IntWritable();
```

/＊＊reduce 将输入的 key 值作为输出的 key 值,将 key 值对应的 list 各元素值
加起来,作为 value 值输出＊/

```
    public void reduce(Text key,Iterable＜IntWritable＞values,
                        Context context
                        )throws IOException,InterruptedException {
    int sum = 0;
    for(IntWritable val :values){
        sum + = val.get();           //将相同的单词对应的值加一起
    }
    result.set(sum);
    context.write(key,result);
    }
}
```

/＊＊main()的输入参数决定了输入数据的文件位置,以及输出数据存储的位置;创
建一个 Configuration 对象时,会获取 Hadoop 的配置信息;通过 Job 的对象可设置
Hadoop 程序运行时的环境变量＊/

```
    public static void main(String[]args)throws Exception {
        Configuration conf = new Configuration();
        String[]otherArgs = new GenericOptionsParser(conf,args).getRema-
iningArgs();
        if(otherArgs.length＜2){
            System.err.println("Usage:wordcount ＜in ＞[ ＜in ＞... ] ＜out ＞");
            System.exit(2);
        }
        Job job = Job.getInstance(conf,"word count");    //实例化 job
        job.setJarByClass(WordCount.class);              //设置整个程序的类名
        job.setMapperClass(TokenizerMapper.class);       //为 job 设置 Map 类
        job.setCombinerClass(IntSumReducer.class);
                                                         //为 job 设置 Combine 类
        job.setReducerClass(IntSumReducer.class);
```

```
                                        //为 job 设置 Reduce 类
job.setOutputKeyClass(Text.class);
                                        //为 job 的输出数据设置 Key 类
job.setOutputValueClass(IntWritable.class);
                                        //为 job 输出设置 value 类
/**为 job 设置输入路径*/
for(int i=0;i<otherArgs.length-1;++i){
  FileInputFormat.addInputPath(job,new Path(otherArgs[i]));
}
/**为 job 设置输出路径*/
FileOutputFormat.setOutputPath(job,
  new Path(otherArgs[otherArgs.length-1]));
System.exit(job.waitForCompletion(true)? 0 :1);
  }
}
```

运行程序的过程与第 3 章的 HDFS 程序有所不同，需配置一些参数。具体过程如下。

在运行程序以前，先要完成 Run Configurations。选择 Run→Run Configurations…，如图 4-9 所示。打开 Run Configurations 对话框。

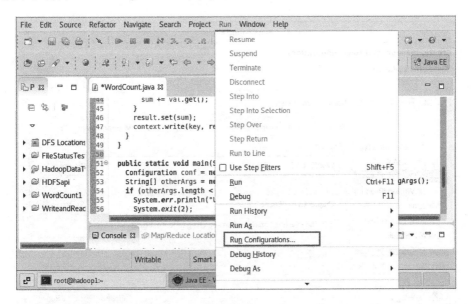

图 4-9　准备配置 Run Configurations

在 Run Configurations 对话框中选择左边的 Java Application，单击鼠标右键，弹出一个快捷菜单，如图 4-10 所示。

在弹出的快捷菜单中选择 New，新建一个配置，如图 4-11 所示。Name 后输入配置名称，配置名称可以任意命名，但不能与已有的配置同名。项目（Project）和主类名（Main class）

必须与用户创建项目时的设置一致。本程序的设置为 WordCount1 和 chapter4. WordCount（chapter4 为包名）。

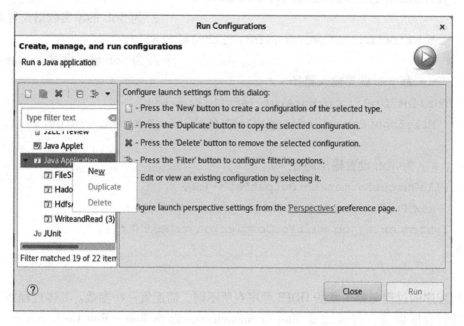

图 4-10　Run Configurations 初始界面

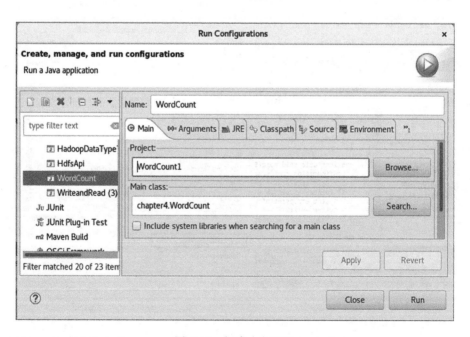

图 4-11　新建一个配置

打开 Arguments 选项卡，配置运行参数，如图 4-12 所示。其中 hdfs://192.168.0.130：9000/test2/是输入文件所在的路径，待处理的文件 f1. txt 和 f2. txt 在该路径下；hdfs://192.168.0.130：9000/output 是输出文件所在的路径。两者之间一定要用空格隔开。

配置完毕后，单击 Apply 按钮，然后单击 Close 按钮，返回到主界面。

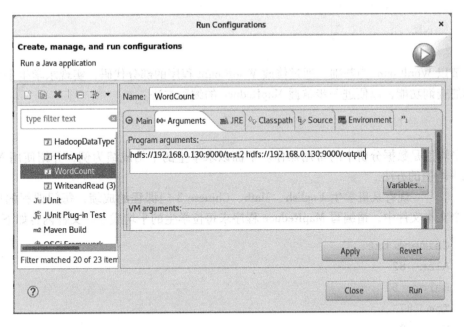

图 4-12   配置运行参数

将鼠标移动到代码编辑区，单击鼠标右键，选择 Run As，进一步选择 Run on Hadoop，即可运行程序。程序执行完毕后，在 Project Explorer 中，将鼠标移动到 Hadoop1 上，单击鼠标右键，选择 Reconnect，可以看到在 HDFS 下新增了 output 子目录，在该子目录下有两个文件，其中 part-r-00000 存储了程序运行的结果，双击该文件即可看到文件的内容，如图 4-13 所示。可以看出，处理的结果与前面的分析完全一致。

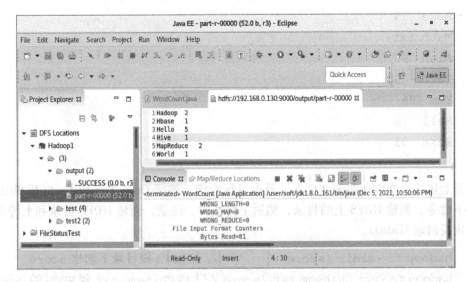

图 4-13   查看程序的执行结果

注意，当再次运行程序时，程序会报错，提示 FileAlreadyExistsException，这时需要将输出目录 output 删除，再运行程序。

4.4 MapReduce 应用实例

本节以 WordCount 为基础，通过修改 WordCount 程序的部分代码，实现求学生平均成绩和简单的查询功能，以便进一步掌握 MapReduce 的编程方法。

4.4.1 求平均值

求平均值是数据分析中的常用操作。下面以求学生的平均成绩为例，介绍使用 MapReduce 求平均值的方法。

【例4-2】 现有某班学生 English、Math、Chinese 3 门课程的成绩，每门课程的成绩记录在一个文本文件中，请编写 MapReduce 程序求每位学生的平均成绩。文件内容如下。

```
Chinese.txt:
Alan   82
Baron  92
Tom    87
Hell   90
Rose   85
English.txt:
Alan   91
Baron  86
Tom    83
Hell   91
Rose   75
Math.txt:
Alan   85
Baron  90
Tom    86
Hell   78
Rose   93
```

1. 上传文件到 HDFS

打开上述 3 个文件所在的文件夹，单击鼠标右键，选择 Open Terminal，打开 Shell 终端输入如下命令，创建 HDFS 上的目录，然后上传文件。注意，创建 HDFS 目录和上传文件之前，一定要启动 Hadoop。

```
hadoop fs -mkdir /score              //在 HDFS 根目录下创建 score
hadoop fs -put Chinese.txt /score    //上传 Chinese.txt 到 HDFS 的/score 下
hadoop fs -put English.txt /score    //上传 English.txt 到 HDFS 的/score 下
hadoop fs -put Math.txt /score       //上传 Math.txt 到 HDFS 的/score 下
```

2. 编写 MapReduce 程序

WordCount 是入门示例程序，由六十多行代码组成，看起来 MapReduce 程序较复杂，事实上 MapReduce 编程没有想象中那么难。可以通过修改 WordCount 部分代码，使它变成其他功能的程序。比如修改十行代码，使它变成求学生平均成绩的程序。程序代码如下，修改部分用粗体表示，并添加部分注释。

```java
import java.io.IOException;
import java.util.StringTokenizer;

import org.apache.hadoop.conf.Configuration;
import org.apache.hadoop.fs.Path;
import org.apache.hadoop.io.IntWritable;
import org.apache.hadoop.io.Text;
import org.apache.hadoop.mapreduce.Job;
import org.apache.hadoop.mapreduce.Mapper;
import org.apache.hadoop.mapreduce.Reducer;
import org.apache.hadoop.mapreduce.lib.input.FileInputFormat;
import org.apache.hadoop.mapreduce.lib.output.FileOutputFormat;
import org.apache.hadoop.util.GenericOptionsParser;

public class WordCount {

  public static class TokenizerMapper
       extends Mapper<Object,Text,Text,IntWritable>{
    /**去掉 final static,将 one 修改为实例变量*/
    private IntWritable one = new IntWritable(1);
    private Text word = new Text();
    public void map(Object key,Text value,Context context
                   )throws IOException,InterruptedException {
        /**将输入的数据首先按行进行分割*/
        StringTokenizer itr = new StringTokenizer(value.toString(),"\n");
        /**分别对每行进行处理*/
        while(itr.hasMoreTokens()){
            /**将每行按默认分隔符进行分割*/
            StringTokenizer lie = new StringTokenizer(itr.nextToken());
            /**获取学生姓名*/
            String strName = lie.nextToken();
            /**获取学生成绩*/
            String strScore = lie.nextToken();
```

```
        word. set(strName);
        one. set(Integer. parseInt(strScore));
        /* *输出姓名和成绩*/
        context. write(word,one);
      }
    }
  }

public static class IntSumReducer
    extends Reducer < Text, IntWritable, Text, IntWritable > {
  private IntWritable result = new IntWritable();

  public void reduce(Text key, Iterable < IntWritable > values,
                  Context context
                  ) throws IOException, InterruptedException {
    int sum = 0;
    int count = 0;
    for(IntWritable val :values){
      /* *计算总分*/
      sum + = val. get();
        /* *统计科目数*/
      count + +;
    }
    /* *计算平均值,并给 result 赋值*/
    result. set((int)(sum/count));
    context. write(key,result);
  }
}

public static void main(String[ ]args)throws Exception {
    Configuration conf = new Configuration();
    String[ ] otherArgs = new GenericOptionsParser (conf, args). ge-
tRemainingArgs();
    if(otherArgs. length <2){
    System. err. println("Usage:wordcount < in > [ < in >... ] < out
>");
    System. exit(2);
    }
```

```
Job job = Job.getInstance(conf,"word count");
job.setJarByClass(WordCount.class);
job.setMapperClass(TokenizerMapper.class);
job.setCombinerClass(IntSumReducer.class);
job.setReducerClass(IntSumReducer.class);
job.setOutputKeyClass(Text.class);
job.setOutputValueClass(IntWritable.class);
for(int i = 0;i < otherArgs.length-1; + +i){
    FileInputFormat.addInputPath(job,new Path(otherArgs[i]));
}
FileOutputFormat.setOutputPath(job,
    new Path(otherArgs[otherArgs.length-1]));
System.exit(job.waitForCompletion(true)? 0 :1);
    }
}
```

3. 查看程序运行结果

将输入目录路径改为 hdfs://192.168.0.130：9000/score，重新编译后运行程序，在 Project Explorer 中，将鼠标移动到 Hadoop1 上，单击鼠标右键，选择 Reconnect，可以看到在 HDFS 下新增了 output 子目录，在该子目录下有两个文件，其中 part-r-00000 存储了程序运行的结果，双击该文件即可看到文件的内容，如图 4-14 所示。

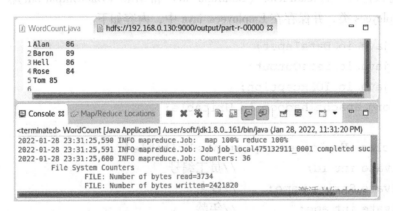

图 4-14　求学生平均成绩

4.4.2　简单查询功能的实现

在下面的例子中，借助 MapReduce 模拟 SQL，实现简单的查询功能，能够更好地帮助读者理解第 6 章将要学习的 Hive。

【例 4-3】　employees.txt 中保存某公司的员工信息，每位员工的信息占一行，每行数据包含员工编号（id）、姓名（name）、年龄（age）、月薪（salary）和部门编号（depts）5 项信息。如果把 employees.txt 看作一张表，表名为 employees。请完成查询功能："select * from employees where age <30", 即查询年龄小于 30 岁的员工信息。

employees. txt 文件内容如下。

```
1,Alan,20,3829.0,1
2,Barry,32,3232.0,3
3,Ani,50,5124.0,5
4,George,43,2313.0,2
5,Baron,25,3411.0,3
6,Tom,31,1313.0,6
7,Jiao,28,4646.0,2
8,Rose,33,2312.0,6
```

1. 上传文件到 HDFS

打开 employees. txt 所在的文件夹, 单击鼠标右键, 选择 Open Terminal, 打开 Shell 终端输入如下命令, 上传文件到 HDFS。注意, 上传文件之前, 一定要启动 Hadoop。

```
hadoop fs -put employees. txt /test  //上传 employees. txt 到 HDFS 的/test 下
```

2. 编写 Employees 类

Mapper 的输入是一行行文本（每一行文本是一位员工的信息）, 数据比较复杂。需要解析文本, 获取各字段的值, 然后创建一个 Employees 对象, 以便对员工信息进行处理。

Employees 类必须实现 Writable 接口。Writable 表示可写, 支持序列化和反序列化, 因为只有支持序列化才能将对象写到存储介质中, 才能支持在网络中传输。要实现 Writable 接口, 必须重写该接口中的 readFields（DataInput in）和 write（DataOutput out）。

编写 Employees 类, 并保存在 Employees. java 中, 内容如下。

```
import java. io. DataInput;
import java. io. DataOutput;
import java. io. IOException;
import org. apache. hadoop. io. Writable;

public class Employees implements Writable{
    private int id;            //员工编号
    private String name;       //姓名
    private int age;           //年龄
    private double salary;     //月薪
    private int depts;         //部门编号

    //实现反序列化
    @ Override
    public void readFields(DataInput in)throws IOException {
        id = in. readInt();
        name = in. readUTF();
```

```
        age = in. readInt ();
        salary = in. readDouble ();
        depts = in. readInt ();
    }


//实现序列化
@ Override
public void write (DataOutput out) throws IOException {
    out. writeInt (id);
    out. writeUTF (name);
    out. writeInt (age);
    out. writeDouble (salary);
    out. writeInt (depts);
}

//各种 getter 和 setter
public int getId () {
    return id;
}
public void setId (int id) {
    this. id = id;
}
public String getName () {
    return name;
}
public void setName (String name) {
    this. name = name;
}
public int getAge () {
    return age;
}
public void setAge (int age) {
    this. age = age;
}
public double getSalary () {
    return salary;
}
public void setSalary (double salary) {
```

```
            this. salary = salary;
        }
    public int getDepts(){
            return depts;
        }
    public void setDepts(int depts){
            this. depts = depts;
        }
    }
```

3. 编写 MapReduce 程序

可以通过修改 WordCount 的部分代码，使它变成具有查询功能的程序。其中 map（）函数和 reduce（）函数修改较多，main（）函数只修改了几行代码，main（）函数的修改部分用粗体表示。为了 key 不重复，可选 id 为 key。Mapper 的输入/输出类型应该是 < Object，Text，IntWritable，Employees >。修改后的程序如下。

```
import java. io. IOException;
import java. util. StringTokenizer;

import org. apache. hadoop. conf. Configuration;
import org. apache. hadoop. fs. Path;
import org. apache. hadoop. io. IntWritable;
import org. apache. hadoop. io. Text;
import org. apache. hadoop. mapreduce. Job;
import org. apache. hadoop. mapreduce. Mapper;
import org. apache. hadoop. mapreduce. Reducer;
import org. apache. hadoop. mapreduce. lib. input. FileInputFormat;
import org. apache. hadoop. mapreduce. lib. output. FileOutputFormat;
import org. apache. hadoop. util. GenericOptionsParser;

public class WordCount {
    public static class TokenizerMapper
        extends Mapper < Object,Text,IntWritable,Employees > {
        /* * 创建一个 IntWritable 对象,作为输出的 key * /
        private IntWritable id = new IntWritable();
        /* * 创建一个 Employees 对象,作为输出的 value * /
        private Employees employees  = new Employees();
```

```
    public void map(Object key,Text value,Context context
                ) throws IOException,InterruptedException {
      /* * 将文本分割成行 */
      StringTokenizer itr = new StringTokenizer(value.toString(),"\n");
      while(itr.hasMoreTokens()){
            /* * 将每行以逗号为分隔符进行分割,分割成各字段 */
            StringTokenizer lie = new StringTokenizer(itr.nextToken(),",");
            /* * 将分割后的各字段值保存到 employees 对象中 */
            employees.setId(Integer.valueOf(lie.nextToken()));
                                                    //转换成整数
            employees.setName(lie.nextToken());
            employees.setAge(Integer.parseInt(lie.nextToken()));
            employees.setSalary(Double.valueOf(lie.nextToken()));
                                                    //转换成浮点数
            employees.setDepts(Integer.parseInt(lie.nextToken()));
            if(employees.getAge()<30){
                id.set(employees.getId());
                context.write(id,employees);
            }
        }
    }
}

public static class IntSumReducer
    extends Reducer<IntWritable,Employees,IntWritable,Text>{
    private Text line = new Text();          //存放输出数据的 value


    public void reduce(IntWritable key,Iterable<Employees>values,
                Context context
                ) throws IOException,InterruptedException {
    for(Employees val :values)
    /* * 将 employees 的内容转换成一行文本 */
    line.set(val.getName()+"\t"+val.getAge()+"\t"+val.getSalary
()+"\t"+val.getDepts());
    context.write(key,line);
}
```

```
    }

    public static void main (String[ ]args) throws Exception {
    Configuration conf = new Configuration ();
    String[ ]otherArgs = new GenericOptionsParser (conf, args) . getRema-
iningArgs ();
    if (otherArgs. length < 2) {
        System. err. println ("Usage:wordcount < in >[ < in >... ] < out >");
        System. exit (2);
    }
    Job job = Job. getInstance (conf, "word count");
    job. setJarByClass (WordCount. class);
    job. setMapperClass (TokenizerMapper. class);
    //job. setCombinerClass (IntSumReducer. class);不需要 Combine 操作
    job. setReducerClass (IntSumReducer. class);
    /* *设置 Mapper 输出 Key 的类型 * /
    job. setMapOutputKeyClass (IntWritable. class);
    /* *设置 Mapper 输出 Value 的类型 * /
    job. setMapOutputValueClass (Employees. class);
    /* *设置 MapReduce 最终输出 Key 的类型 * /
    job. setOutputKeyClass (IntWritable. class);
    /* *设置 MapReduce 最终输出 Value 的类型 * /
    job. setOutputValueClass (Text. class);
    for (int i = 0; i < otherArgs. length-1; + +i) {
        FileInputFormat. addInputPath (job, new Path (otherArgs[i]));
    }
    FileOutputFormat. setOutputPath (job,
        new Path (otherArgs[otherArgs. length-1]));
    System. exit (job. waitForCompletion (true) ? 0 :1);
    }
}
```

4. 查看程序运行结果

将输入文件路径改为 hdfs://192. 168. 0. 130：9000/test/employees. txt，运行程序，在 Project Explorer 中，将鼠标移动到 Hadoop1 上，单击鼠标右键，选择 Reconnect，可以看到在 HDFS 下新增了 output 子目录，在该子目录下有两个文件，其中 part- r- 00000 存储了程序运行的结果，双击该文件即可看到文件的内容，如图 4-15 所示。

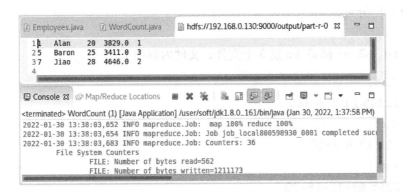

图 4-15　查询年龄小于 30 岁的员工信息

4.5　本章小结

本章介绍了 MapReduce 编程模型的相关知识。MapReduce 将复杂的、运行于大规模集群上的并行计算过程高度地抽象到了两个函数：map（）和 reduce（）。它极大地方便了编程人员在不会分布式并行编程的情况下，将自己的程序运行在分布式系统上，完成海量数据集的计算。

MapReduce 的执行过程包括以下几个主要阶段：从分布式文件系统读入数据，执行 Map 任务输出中间结果，通过 Shuffle 阶段把中间结果分区、排序、归并后发送给 Reduce 任务，执行 Reduce 任务得到最终结果，并将最终结果写入分布式文件系统。

本章首先以 WordCount 程序为例，介绍了如何编写 MapReduce 程序代码以及如何运行程序。然后以 WordCount 程序为基础，通过修改 WordCount 程序的部分代码，实现求学生平均成绩和简单的查询功能，以便帮助读者进一步掌握 MapReduce 的编程方法。

习　　题

4-1　简述 MapReduce 的编程思想。

4-2　简述 MapReduce 的执行过程。

实验　简单排序的实现

1. 实验目的

（1）理解 MapReduce 编程思想。

（2）理解 MapReduce 任务执行流程。

（3）掌握使用 Hadoop Java API 进行 MapReduce 编程的方法。

2. 实验环境

操作系统：CentOS 7（虚拟机）。

Hadoop 版本：3.3.0。

JDK 版本：1.8。

Java IDE：Eclipse。

3. 实验内容和要求

现有 s1. txt、s2. txt 和 s3. txt 这 3 个文件，文件内容如下。

```
s1. txt:
35 12345 21 5-8 365
s2. txt:
38 156 12 6-2-10
s3. txt:
45 2365 68-15-18-30
```

将上述 3 个文件上传到 HDFS 中的某一目录，运用所学的知识编写一个 MapReduce 排序程序。如果将上传的 3 个文件作为输入，则排序后的输出结果如下所示。

1	-30
2	-18
3	-15
4	-10
5	-8
6	-2
7	5
8	6
9	12
10	21
11	35
12	38
13	45
14	68
15	156
16	365
17	2365
18	12345

第 5 章

分布式数据库 HBase

Hadoop 数据库（Hadoop Database，HBase）是一个基于 Hadoop 的分布式、面向列的开源数据库，是一款比较流行的 NoSQL 数据库，具有高可靠、高性能、可伸缩等优点，主要用来存储非结构化和半结构化的松散数据。HBase 可用于存储和处理非常庞大的表。

本章首先简单地介绍了 BigTable 和 HBase，然后阐述了 HBase 数据模型和 HBase 系统架构，最后详细地介绍了 HBase Shell、HBase Java API 及编程方法。

5.1 概述

HBase 是 Google BigTable 的开源实现。因此，本节首先介绍 BigTable，然后简单地介绍 HBase，最后总结 HBase 具有的特点。

5.1.1 BigTable 简介

为解决海量数据存储的问题，Google 公司的软件开发工程师研发了 BigTable，并于 2005 年 4 月投入使用。BigTable 是以 GFS（Google File System）作为底层数据存储，以 Google 的 MapReduce 为分布式计算框架，用于存储和处理海量数据。每个 Table 都是一个多维的稀疏表。BigTable 的设计目的是可靠地处理 PB 级别的数据，并且能够部署到成千上万台机器上。BigTable 已经实现了适用性广、可扩展强、高性能和高可用性等几个目标，已经在超过 60 个 Google 公司的产品和项目上得到了应用。

2006 年，Google 公司发表了题为 *Bigtable：A Distributed Storage System for Structured Data* 的论文，启发了众多的 NoSQL 数据库，如 HBase 等。

5.1.2 HBase 简介

HBase 是一个高可靠、高性能、列存储、可伸缩、实时读/写的分布式数据库，是 Hadoop 生态系统的重要组成部分之一。它主要用来存储非结构化和半结构化的松散数据。HBase 以 Hadoop 的 HDFS 作为其文件存储系统，利用廉价集群提供海量数据存储能力；利用 Hadoop MapReduce 来处理 HBase 中的海量数据，实现高性能计算；使用 ZooKeeper 作为协同服务，实现集群稳定运行和失败恢复。与 Hadoop 一样，HBase 主要依靠横向扩展，通过不断增加廉价的计算机，来增加计算和存储能力。

5.1.3 HBase 具有的特点

1. 存储空间大

一个 HBase 表可以存储十亿行、百万列、多个版本的数据。HBase 仅使用普通的硬件就可以处理海量数据。

2. 具有可伸缩性

可以通过增删节点实现数据的伸缩性存储，很容易实现横向扩展。

3. 面向列

面向列（族）的存储和权限控制，列（族）独立检索。

4. 适应稀疏表

由于为空（Null）的列不占用存储空间，所以表可以设计得非常稀疏。

5. 数据类型单一

HBase中的数据都是一个未经解释的字符串，没有类型。

5.2 HBase 数据模型

数据模型是一个数据库产品的核心。逻辑上，HBase以表的形式呈现给最终用户，物理上，HBase以文件的形式存储在HDFS中。本节介绍HBase列式存储数据模型，包括表、行键、列族、列限定符、单元格、时间戳等概念。

5.2.1 数据模型概述

HBase是以表的形式存储数据，每个表由行和列组成，每一行都有一个可排序的行键和任意多的列，每个列属于一个特定的列族，同一个列族里的数据存储在一起。列族支持动态扩展，可以很轻松地添加一个列族或列。无须预先定义列的数量以及类型，表中存储的每个值是一个未经解释的字符串，以字节数组byte[]形式存储，没有数据类型，用户需要自行转换数据类型。HBase中执行更新操作时，并不会删除数据旧的版本，而是生成一个新的版本，旧有的版本仍然保留。不同版本用时间戳来区分。在HBase中，访问表中的行有3种方式：通过单个行键访问、给定行键的范围进行扫描和全表扫描。

5.2.2 数据模型的相关概念

HBase是一个列式存储数据库，数据模型主要有表（Table）、行键（Rowkey）、列族（Column Family）、列限定符（Column Qualifier）、单元格（Cell）、时间戳（Timestamp）等概念。下面分别介绍HBase数据模型的各相关概念。

1. 表

HBase采用表来组织数据，表由行、列族和列组成，每个行由行键来标识，一般按行键的字典顺序进行排序。

2. 行键

每一行代表着一个数据对象，由行键来唯一标识。行键会被建立索引，数据的获取通过行键来完成。行键可以使用任意字符串表示。在HBase内部，行键被保存为字节数组。

3. 列族

列族是列限定符的集合，一个表包含多个列族，在创建表时必须要声明列族。HBase所谓的列式存储就是指数据按列族进行存储，这种设计可以方便地进行数据分析。

4. 列限定符

列限定符简称列，表中具体一个列的名字。列族里的数据通过列限定符来定位，列限定符不用事先定义，也不需在不同行之间保持一致。一个列族的所有列限定符使用相同的前缀（列族名称）。例如，info：height 列和 info：weight 列都是列族 info 的成员。

5. 单元格

在 HBase 表中，通过行、列族和列限定符确定一个单元格，单元格的数据没有特定的数据类型，以 byte[ ] 来存储。

6. 时间戳

每个单元格都保存着同一份数据的多个版本，这些版本采用时间戳来进行索引。时间戳的类型是 64 位的整型。

时间戳既可以被自动赋值，也可以显式赋值。自动赋值是指在数据写入时，HBase 可以自动对时间戳进行赋值。显式赋值是指时间戳由用户显式指定。

下面以一个实例来解析 HBase 的数据模型。图 5-1 是一张用来存储雇员信息的 HBase 表，姓名作为行键，用来唯一标识每一位雇员，表中设计了 address 和 info 两个列族，address 列族包含了 province、city 两个列限定符，info 列族包含了 height、weight 两个列限定符。姓名为 lisi 的雇员存在两个版本的体重（weight），分别对应两个时间戳。

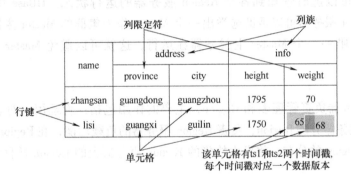

图 5-1　HBase 数据模型的一个实例

5.3　HBase 系统架构

HBase 采用主/从架构；HBase 集群成员包括客户端、ZooKeeper 服务器；Master 主服务器、Region 服务器；在底层，HBase 将数据存储于 HDFS 中，如图 5-2 所示。

1. 客户端

客户端包含访问 HBase 的接口，同时在缓存中维护着已经访问过的 Region 位置信息，用来加快后续数据访问过程。客户端通过远程过程调用（RPC）机制与 HBase 的 Master 主服务器和 Region 服务器进行通信，客户端与 Master 主服务器进行管理类通信，客户端与 Region 服务器进行数据读/写类通信。

2. ZooKeeper 服务器

ZooKeeper 是一个为分布式应用提供一致性服务的软件，它存储了 -ROOT- 表的地址和 Master 主服务器的地址，通过 -ROOT- 表的地址可寻址所需的数据。通过 ZooKeeper 服务器，

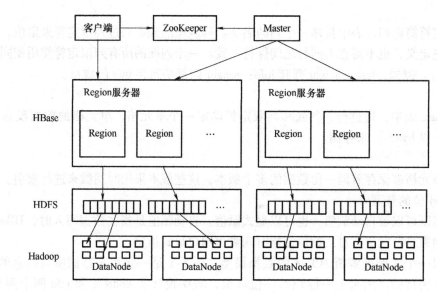

图 5-2　HBase 的系统架构

Master 主服务器可以随时感知到各个 Region 服务器的运行状态。HBase 中可以启动多个 Master，ZooKeeper 服务器可以帮助选举出一个 Master 作为集群的 Master 主服务器，并保证在任何时刻总有唯一一个 Master 主服务器在运行，这就可以避免 Master 的"单点失效"问题。

3. Master 主服务器

Master 主服务器负责管理表和 Region，主要的作用包括：管理用户对表的增删改查操作；为 Region 服务器分配 Region，负责 Region 服务器的负载均衡；在 Region 分裂或合并后，负责重新调整 Region 的分布；将发生故障的 Region 服务器上的 Region 迁移到其他的 Region 服务器上。

4. Region 服务器

Region 是 HBase 中分布式存储和负载均衡的基本单位。Region 服务器是 HBase 的从服务器，HBase 集群中可以有多个 Region 服务器，一个 Region 服务器可以存放多个 Region。Region 服务器负责维护分配给自己的 Region，并响应用户的读/写请求。

5.4　HBase 伪分布式安装

HBase 伪分布式安装需要先解压安装文件，然后配置环境变量和参数，最后验证 HBase 是否运行正常。

5.4.1　安装并配置环境变量

1. 下载 HBase 安装文件

可从链接 http://archive.apache.org/dist/hbase/下载 hbase-2.2.2-bin.tar.gz。可在 CentOS 7 中下载，将文件转移到安装目录/user/soft 下，也可在 Windows 操作系统下载，使用

WinSCP 将其上传到 CentOS 7 的/user/soft 目录下，准备安装。

2. 解压 HBase 安装包

使用 cd 命令切换到/user/soft 目录，然后使用 tar - zxvf hbase-2. 2. 2-bin. tar. gz 命令解压文件，如图 5-3 所示。

图 5-3　解压 hbase-2. 2. 2-bin. tar. gz

3. 配置环境变量

执行 gedit /etc/profile 命令，配置环境变量：

```
[root@ hadoop1 soft]# gedit /etc/profile
```

打开文件 profile，在已有代码的尾部添加如下代码：

```
export HBASE_HOME =/user/soft/hbase-2.2.2
export PATH = $HBASE_HOME/bin: $PATH
```

保存文件后执行 source /etc/profile 命令，使修改生效。

5. 4. 2　配置 HBase 参数

切换到 HBase 的配置文件目录/user/soft/hbase-2. 2. 2/conf，然后修改 HBase 的配置文件 hbase-env. sh 和 hbase-site. xml。

1. 配置 hbase-env. sh

执行命令：gedit /user/soft/hbase-2. 2. 2/conf/hbase-env. sh，打开 hbase-env. sh。修改如下 3 处：

将 "# export JAVA_HOME =/usr/java/jdk1. 8. 0/" 修改为 "export JAVA_HOME =/user/soft/jdk1. 8. 0_161"。

将 "# export HBASE_CLASSPATH = " 修改为 "export HBASE_CLASSPATH =/user/soft/hbase-2. 2. 2/conf"，如图 5-4 所示。

将 "# export HBASE_MANAGES_ZK = true" 前面的 "#" 去掉，保存后退出。

2. 配置 hbase-site. xml

安装 HBase 后，系统自动生成了 hbase-site. xml 文件。执行命令：gedit /user/soft/hbase-2. 2. 2/conf/hbase-site. xml，打开并编辑 hbase-site. xml，在 < configuration > 和 </configuration > 标记之间配置代码，如图 5-5 所示。保存后退出。

5. 4. 3　验证 HBase

验证 HBase 前，必须确保已经启动了 Hadoop，再启动 HBase，然后通过查看进程、查看目录、执行命令、浏览器访问等多种方式验证 HBase 是否运行正常。

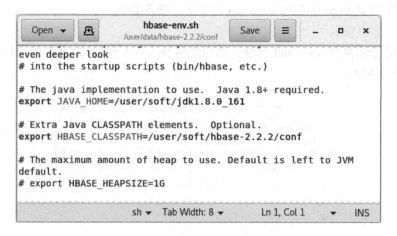

图 5-4　修改 hbase-env. sh

图 5-5　配置 hbase-site. xml

1. 启动和退出 HBase

由于已经配置好了环境变量，所以不需要输入路径，直接输入命令 start-hbase. sh，按 <Enter> 键即可启动 HBase。执行命令 jps，即可查看当前 Java 进程，如图 5-6 所示。如果 HMaster、HQuorumPeer 和 HRegionServer 3 个进程都启动了，则初步确定 HBase 启动成功。如果需要退出 HBase，可执行命令 stop-hbase. sh。

2. 启动和退出 HBase Shell

在确保 Hadoop 和 HBase 已经启动的前提下，输入 hbase shell 命令启动 HBase Shell，再输入 list 命令，如出现图 5-7 所示的结果，没有报错，则 HBase Shell 启动成功，进一步验证了 HBase 启动成功。输入 exit 命令可退出 HBase Shell。

3. 浏览器验证

打开浏览器，输入网址 http://192. 168. 0. 130：16010，若成功启动 HBase，则可以查看 HBase 运行的状态信息，如图 5-8 所示。

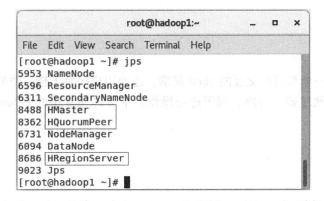

图 5-6　查看当前 Java 进程

图 5-7　启动 HBase Shell 并执行 list 命令

图 5-8　HBase 运行状态信息

5.5 HBase Shell

HBase 提供了一个与用户交互的 Shell 终端，还为用户提供了较方便的 Shell 命令，通过这些命令可以方便地对表、列族、列等进行操作。本节讲述常用的 HBase Shell 命令，并给出应用实例。

5.5.1 HBase Shell 常用命令

1. create 命令

create 命令用来创建表。例如，创建表 temp1，该表具有 f1、f2、f3 共 3 个列族，命令如图 5-9 所示。注意，表名和列族都要用单引号括起来，并以逗号隔开。

```
hbase(main):001:0> create 'temp1','f1','f2','f3'
0 row(s) in 2.9800 seconds

=> Hbase::Table - temp1
hbase(main):002:0>
```

图 5-9　创建表

2. list 命令

list 命令用来列出 HBase 中所有的表信息。例如，列出当前 HBase 中所有的表信息，命令如图 5-10 所示。

```
hbase(main):004:0> list
TABLE
temp1
1 row(s) in 0.0120 seconds

=> ["temp1"]
hbase(main):005:0>
```

图 5-10　列出 HBase 中所有的表信息

3. put 命令

put 命令用来向表、行、列指定的单元格添加数据。put 命令的格式：put 表名，行键，列族：列名，值。例如，向表 temp1 中的第 r3 行、第 "f2：x1" 列，添加数据 "hello，hbase"；向第 r3 行、第 "f2：x3" 列，添加数据 "hello，hadoop"；向第 r3 行、第 "f1：y1" 列，添加数据 "123456"，命令如图 5-11 所示。

4. get 命令

get 命令用来通过表名、行、列、时间戳、时间范围和版本号来获得相应单元格的值。例如，获得表 temp1 中的第 r3 行的数据；获得表 temp1 中的第 r3 行 f2 列族的数据；获得表 temp1 中的第 r3 行 f2 列族 x1 列的数据，命令如图 5-12 所示。

5. scan 命令

scan 命令用来按指定范围扫描表。可以通过 TIMERANGE、FILTER、LIMIT、STARTROW、

```
hbase(main):005:0> put 'temp1','r3','f2:x1','hello,hbase'
0 row(s) in 0.7000 seconds

hbase(main):006:0> put 'temp1','r3','f2:x3','hello,hadoop'
0 row(s) in 0.0280 seconds

hbase(main):007:0> put 'temp1','r3','f1:y1','123456'
0 row(s) in 0.0160 seconds
```

图 5-11 向表、行、列指定的单元格添加数据

```
hbase(main):008:0> get 'temp1','r3'
COLUMN                 CELL
 f1:y1                 timestamp=1643979587089, value=123456
 f2:x1                 timestamp=1643979335373, value=hello,hbase
 f2:x3                 timestamp=1643979476736, value=hello,hadoop
1 row(s) in 0.1520 seconds

hbase(main):009:0> get 'temp1','r3','f2'
COLUMN                 CELL
 f2:x1                 timestamp=1643979335373, value=hello,hbase
 f2:x3                 timestamp=1643979476736, value=hello,hadoop
1 row(s) in 0.0700 seconds

hbase(main):010:0> get 'temp1','r3','f2:x1'
COLUMN                 CELL
 f2:x1                 timestamp=1643979335373, value=hello,hbase
1 row(s) in 0.0100 seconds
```

图 5-12 获得单元格的值

STOPROW、TIMESTAMP、MAXLENGTH、COLUMNS、CACHE 来限定所需要浏览的数据。例如，查看表 temp1 中的所有数据，命令如图 5-13 所示。

```
hbase(main):011:0> scan 'temp1'
ROW                    COLUMN+CELL
 r3                    column=f1:y1, timestamp=1643979587089, value=123456
 r3                    column=f2:x1, timestamp=1643979335373, value=hello,hbase
 r3                    column=f2:x3, timestamp=1643979476736, value=hello,hadoop
1 row(s) in 0.1130 seconds
```

图 5-13 查看表 temp1 中的所有数据

6. describe 命令

describe 命令也可以简写成 desc，用来查看表结构。例如，查看表 temp1 的表结构，命令如图 5-14 所示。

7. alter 命令

alter 命令用来修改列族模式。例如，向表 temp1 添加列族 f5，命令如图 5-15 所示。另外，可用 describe 'temp1' 命令检查添加列族是否成功。

删除表 temp1 中的列族 f5，命令如图 5-16 所示。

8. delete 命令

delete 命令用来删除指定单元格的数据。例如，删除表 temp1 中的第 r3 行 f1 列族 y1 列的数据，命令如图 5-17 所示。可以用 scan 'temp1' 查看删除结果。

9. count 命令

count 命令用来统计表中的行数。例如，统计表 temp1 的行数，命令如图 5-18 所示。

```
hbase(main):012:0> describe 'temp1'
Table temp1 is ENABLED
temp1
COLUMN FAMILIES DESCRIPTION
{NAME => 'f1', BLOOMFILTER => 'ROW', VERSIONS => '1', IN_MEMORY => 'false', KEEP
_DELETED_CELLS => 'FALSE', DATA_BLOCK_ENCODING => 'NONE', TTL => 'FOREVER', COMP
RESSION => 'NONE', MIN_VERSIONS => '0', BLOCKCACHE => 'true', BLOCKSIZE => '6553
6', REPLICATION_SCOPE => '0'}
{NAME => 'f2', BLOOMFILTER => 'ROW', VERSIONS => '1', IN_MEMORY => 'false', KEEP
_DELETED_CELLS => 'FALSE', DATA_BLOCK_ENCODING => 'NONE', TTL => 'FOREVER', COMP
RESSION => 'NONE', MIN_VERSIONS => '0', BLOCKCACHE => 'true', BLOCKSIZE => '6553
6', REPLICATION_SCOPE => '0'}
{NAME => 'f3', BLOOMFILTER => 'ROW', VERSIONS => '1', IN_MEMORY => 'false', KEEP
_DELETED_CELLS => 'FALSE', DATA_BLOCK_ENCODING => 'NONE', TTL => 'FOREVER', COMP
RESSION => 'NONE', MIN_VERSIONS => '0', BLOCKCACHE => 'true', BLOCKSIZE => '6553
6', REPLICATION_SCOPE => '0'}
3 row(s) in 0.2000 seconds
```

图 5-14　查看表 temp1 的表结构

```
hbase(main):014:0> alter 'temp1',NAME=>'f5'
Updating all regions with the new schema...
0/1 regions updated.
1/1 regions updated.
Done.
0 row(s) in 3.9790 seconds
```

图 5-15　向表 temp1 添加列族 f5

```
hbase(main):016:0> alter 'temp1',NAME => 'f5',METHOD => 'delete'
Updating all regions with the new schema...
1/1 regions updated.
Done.
0 row(s) in 2.7180 seconds
```

图 5-16　删除表 temp1 中的列族 f5

```
hbase(main):018:0> delete 'temp1','r3','f1:y1'
0 row(s) in 0.5730 seconds

hbase(main):019:0> scan 'temp1'
ROW                     COLUMN+CELL
 r3                     column=f2:x1, timestamp=1643979335373, value=hello,hbase
 r3                     column=f2:x3, timestamp=1643979476736, value=hello,hadoop
1 row(s) in 0.1170 seconds
```

图 5-17　删除表 temp1 中的第 r3 行 f1 列族 y1 列的数据

```
hbase(main):023:0> count 'temp1'
1 row(s) in 0.0950 seconds

=> 1
hbase(main):024:0>
```

图 5-18　统计表 temp1 的行数

10. exists 命令

exists 命令用来判断表是否存在。例如，判断表 temp1 是否存在，命令如图 5-19 所示。

```
hbase(main):025:0> exists 'temp1'
Table temp1 does exist
0 row(s) in 0.0880 seconds

hbase(main):026:0> ▮
```

图 5-19　判断表 temp1 是否存在

11. truncate 命令

truncate 命令用来清空表中的数据，但保留表结构。例如，清空表 temp1 中的数据，命令如图 5-20 所示。

```
hbase(main):027:0> truncate 'temp1'
Truncating 'temp1' table (it may take a while):
 - Disabling table...
 - Truncating table...
0 row(s) in 5.0220 seconds
```

图 5-20　清空表 temp1 中的数据

12. enable/disable 命令

enable/disable 命令用来使表有效（启用表）/使表无效（禁用表）。

13. drop 命令

drop 命令用来删除表。如果要彻底删除表数据和表结构，必须先使该表无效，然后删除该表。例如，删除表 temp1，可用 list 命令检查删除结果，命令如图 5-21 所示。

```
hbase(main):029:0> disable 'temp1'
0 row(s) in 2.3790 seconds

hbase(main):030:0> drop 'temp1'
0 row(s) in 1.3340 seconds

hbase(main):031:0> list
TABLE
0 row(s) in 0.0260 seconds

=> []
hbase(main):032:0> ▮
```

图 5-21　删除表 temp1

14. status 命令

status 命令用来查看 HBase 集群状态信息。可以通过 summary、simple 或者 detailed 这 3 个参数指定输出信息的详细程度。例如，输出 HBase 集群概要状态信息，命令如图 5-22 所示。

15. version 命令

version 命令用来查看 HBase 版本信息。例如，输出当前 HBase 的版本信息，如图 5-23 所示。

```
hbase(main):034:0> status 'summary'
1 active master, 0 backup masters, 1 servers, 0 dead, 2.0000 average load
```

图 5-22　输出 HBase 集群概要状态信息

```
hbase(main):035:0> version
1.7.1, r2d9273667e418e7023f9104a830cdcb8233b6f25, Fri Jul 16 00:20:26 PDT 2021
```

图 5-23　输出当前 HBase 的版本信息

5.5.2　HBase Shell 应用实例

下面通过一个实例来演示使用 HBase Shell 命令完成各种 HBase 操作。

【例 5-1】　使用 HBase Shell 命令完成以下操作。

（1）创建一个学生信息表 student，其表结构如表 5-1 所示。number（学号）作为行键，info 列族下有 name（姓名）、class（班级）两个列，score 列族下面的 English、math、Chinese 3 个列用于存储 3 门课的考试成绩。

表 5-1　学生信息表 student

number	info		score		
	name	class	English	math	Chinese
2021001	zhangsan	A	85	78	89
2021002	lisi	B	80	91	86

（2）向表 student 中插入 number 为 2021001 和 2021002 的两条记录。

（3）查询 2021001 的 math 成绩。

（4）查询 2021002 的全部信息。

（5）删除 2021002 的 math 成绩。

可用如下 HBase Shell 命令完成上述操作：

（1）创建学生信息表 student。

```
hbase(main):001:0 >create 'student','info','score'
Created table student
Took 3.1278 seconds
 = >Hbase::Table-student
```

（2）向表 student 中插入记录。

```
hbase(main):002:0>put 'student','2021001','info:name','zhangsan'
Took 0.2116 seconds
hbase(main):003:0>put 'student','2021001','info:class','A'
Took 0.0237 seconds
```

```
hbase(main):004:0>put 'student','2021001','score:English','85'
Took 0.0323 seconds
hbase(main):005:0>put 'student','2021001','score:math','78'
Took 0.0353 seconds
hbase(main):006:0>put 'student','2021001','score:Chinese','89'
Took 0.0105 seconds
```

可以把全部或部分的 HBase Shell 命令写入一个文件内，像 Linux Shell 脚本程序那样顺序执行。例如，将 2021002 的记录插入 student 表的所有命令写入 test.sh 文件内。test.sh 内容如下：

```
put 'student','2021002','info:name','lisi'
put 'student','2021002','info:class','B'
put 'student','2021002','score:English','80'
put 'student','2021002','score:math','91'
put 'student','2021002','score:Chinese','86'
```

用 exit 命令退出 HBase Shell，执行脚本文件 hbase shell /user/data/test.sh，执行结果如图 5-24 所示。

```
hbase(main):007:0> exit
[root@hadoop1 ~]# hbase shell /user/data/test.sh
SLF4J: Class path contains multiple SLF4J bindings.
SLF4J: Found binding in [jar:file:/user/soft/hadoop-3.3.0/share/hadoop/common/li
b/slf4j-log4j12-1.7.25.jar!/org/slf4j/impl/StaticLoggerBinder.class]
SLF4J: Found binding in [jar:file:/user/soft/hbase-2.2.2/lib/client-facing-third
party/slf4j-log4j12-1.7.25.jar!/org/slf4j/impl/StaticLoggerBinder.class]
SLF4J: See http://www.slf4j.org/codes.html#multiple_bindings for an explanation.
SLF4J: Actual binding is of type [org.slf4j.impl.Log4jLoggerFactory]
Took 0.8789 seconds
Took 0.0080 seconds
Took 0.0055 seconds
Took 0.0048 seconds
Took 0.0048 seconds
HBase Shell
Use "help" to get list of supported commands.
Use "exit" to quit this interactive shell.
For Reference, please visit: http://hbase.apache.org/2.0/book.html#shell
Version 2.2.2, re6513a76c91cceda95dad7af246ac81d46fa2589, Sat Oct 19 10:10:12 UT
C 2019
Took 0.0009 seconds
```

图 5-24　hbase shell/user/data/test.sh 的执行结果

扫描全表，查看插入操作完成后 student 表中的数据，如图 5-25 所示。

（3）查询 2021001 的 math 成绩。

```
hbase(main):002:0 >get 'student','2021001','score:math'
COLUMN            CELL
score:math        timestamp =1644378280648,value =78
```

（4）查询 2021002 的全部信息。

```
hbase(main):001:0> scan 'student'
ROW                     COLUMN+CELL
 2021001                column=info:class, timestamp=1644377379868, value=A
 2021001                column=info:name, timestamp=1644377167151, value=zhangsan
 2021001                column=score:Chinese, timestamp=1644378447721, value=89
 2021001                column=score:english, timestamp=1644378131799, value=85
 2021001                column=score:math, timestamp=1644378280648, value=78
 2021002                column=info:class, timestamp=1644387306956, value=B
 2021002                column=info:name, timestamp=1644387306878, value=lisi
 2021002                column=score:Chinese, timestamp=1644387306977, value=86
 2021002                column=score:english, timestamp=1644387306964, value=80
 2021002                column=score:math, timestamp=1644387306971, value=91
2 row(s)
Took 0.0897 seconds
```

图 5-25　插入操作完成后 student 表中的数据

```
hbase(main):003:0>get 'student','2021002'
COLUMN              CELL
info:class          timestamp =1644387306956,value =B
info:name           timestamp =1644387306878,value =lisi
score:Chinese       timestamp =1644387306977,value =86
score:English       timestamp =1644387306964,value =80
score:math          timestamp =1644387306971,value =91
```

（5）删除 2021002 的 math 成绩。

```
hbase(main):004:0>delete 'student','2021002','score:math'
Took 0.0410 seconds
hbase(main):005:0>get 'student','2021002'
COLUMN              CELL
info:class          timestamp =1644387306956,value =B
info:name           timestamp =1644387306878,value =lisi
score:Chinese       timestamp =1644387306977,value =86
score:English       timestamp =1644387306964,value =80
```

从两次执行 get 'student', '2021002' 的结果可以看出 2021002 的 math 成绩已经被删除。

5.6　HBase Java API

在很多情况下，需要通过 Java 编程来操作 HBase。HBase 是使用 Java 语言编写的，提供了较为全面的 Java API。利用这些 API 可以编写出功能丰富的程序，对 HBase 进行各种操作。需要说明的是，HBase 也为其他编程语言提供了 API，如 C、C ++ 、Scala、Python 等。

5.6.1　HBase Java API 简介

HBase Shell 命令能够完成的操作使用 HBase Java API 同样可以完成，HBase Java API 还

能实现 HBase Shell 命令不能实现的一些操作。学习 HBase Java API 时，可以和对应的 HBase Shell 命令进行对比，以便快速理解和掌握。

有关 HBase Java API 的详细资料，读者可参考本地文件 $HBASE_HOME（HBase 安装目录)/docs/apidocs/index. html 或者官网 https://hbase. apache. org/apidocs/index. html。Apache HBase 2. 2. 2 API 的参考文档首页如图 5-26 所示。

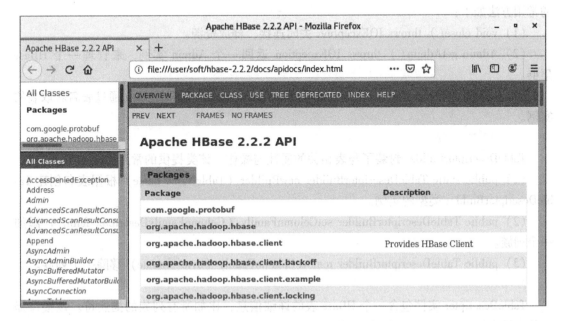

图 5-26　Apache HBase 2. 2. 2 API 参考文档首页

下面简单地介绍 HBase Java API 的常用类和方法。

1. HBaseConfiguration

该类是客户端必须要使用的，它会从 hbase-site. xml 文件中读取配置信息，可以使用成员方法 create() 来初始化 HBase 的配置文件。

2. Admin

Admin 可以用于创建表、删除表、列出表项、使表有效（启用表）、使表无效（禁用表），或者修改表，以及执行其他管理操作。该接口需要从 Connection. getAdmin() 中获取一个实例，并在使用完成后调用 close()。该接口提供的常用方法如下：

（1）void createTable（TableDescriptor desc）throws IOException　创建一个新表。

（2）void deleteTable（TableName tableName）throws IOException　删除一个表。

（3）void disableTable（TableName tableName）throws IOException 禁用表并等待完成，最终可能会超时。

（4）void enableTable（TableName tableName）throws IOException 启用一个表，可能会超时。

（5）void modifyTable（TableDescriptor td）throws IOException 修改现有的表。

（6）boolean tableExists（TableName tableName）throws IOException 检查指定名称的表是否存在。

3. Connection

Connection 接口通过 ConnectionFactory 类调用 createConnection（）方法来实例化连接。连接使用完成后，必须调用 close（）方法关闭连接，以便释放资源。

连接实例建立到 ZooKeeper 的连接，查找 Master 主节点，在集群上定位 Region。连接实例与服务器、元数据缓存、ZooKeeper 等的连接都与 Table 和 Admin 实例共享。该接口提供的常用方法如下：

（1）void close（）throws IOException 关闭连接，释放资源。

（2）Admin getAdmin（）throws IOException 返回一个 Admin 实例，来管理一个 HBase 集群。

（3）default Table getTable（TableName tableName）throws IOException 通过表名获取表的实例。

4. TableDescriptorBuilder

TableDescriptorBuilder 封装了与表相关的属性与操作。该类提供的常用方法如下：

（1）public static TableDescriptorBuilder newBuilder（TableName name）根据表名创建 TableDescriptorBuilder 类型的实例。

（2）public TableDescriptorBuilder setColumnFamily（ColumnFamilyDescriptor family）添加一个列族。

（3）public TableDescriptorBuilder removeColumnFamily（byte[]name）移除一个列族。

5. TableDescriptor

TableDescriptor 实例包含一个 HBase 表的详细信息，比如所有列族的描述符。该接口提供的常用方法如下：

（1）ColumnFamilyDescriptor[]getColumnFamilies（）返回表中所有列族的 ColumnFamilyDescriptor 实例，该实例不可修改。

（2）ColumnFamilyDescriptor getColumnFamily（byte[]name）返回名称由参数列指定的列族的 ColumnFamilyDescriptor。

（3）int getColumnFamilyCount（）返回表的列族数。

（4）TableName getTableName（）获取表的名称。

6. ColumnFamilyDescriptorBuilder

该类为列族构建类，提供的常用方法如下：

（1）public static ColumnFamilyDescriptorBuilder newBuilder（byte[] name）根据列族名创建 ColumnFamilyDescriptorBuilder 类型的对象。

（2）public ColumnFamilyDescriptor build（）方法返回 ColumnFamilyDescriptor 的实例。

7. ColumnFamilyDescriptor

ColumnFamilyDescriptor 包含关于列族的信息，如版本数、压缩设置等。它通常在创建表或者为表添加列族时使用。该接口提供的常用方法如下：

（1）byte[] getName（）获取列族的名字。

（2）byte[] getValue（byte[] key）获取对应的属性的值。

HBase Java API 创建表的过程较复杂，思路整理如下：创建表是通过 Admin 实例调用 createTable（TableDescriptor desc）实现的，调用 createTable（TableDescriptor desc）需要传

递一个 TableDescriptor 类型的实例，而 TableDescriptor 是接口，本身不能实例化，需要通过 TableDescriptorBuilder 的对象实例化和添加列族。同理，添加列族需要调用 setColumnFamily（ColumnFamilyDescriptor family），调用 setColumnFamily（ColumnFamilyDescriptor family）需要传递一个 ColumnFamilyDescriptor 类型的实例，而 ColumnFamilyDescriptor 是接口，本身不能实例化，需要通过 ColumnFamilyDescriptorBuilder 的对象实例化。

8. Table

Table 用于与单个 HBase 表通信。从 Connection 中获取一个实例，使用完成后调用 close（）。Table 可以从表中获取、放置、删除或扫描数据。该接口提供的常用方法如下：

（1）default void close（）throws IOException 释放内部缓冲区中占用或挂起的任何资源。

（2）default void delete（Delete delete）throws IOException 删除指定的单元格或行。

（3）default boolean exists（Get get）throws IOException 检查 Get 实例所指定的值是否存在于 Table 的列中。

（4）default Result get（Get get）throws IOException 从给定的行获取特定单元格的值。

（5）default ResultScanner getScanner（Scan scan）throws IOException 获取 Scan 对象指定的 ResultScanner 实例。

（6）default ResultScanner getScanner（byte［］family）throws IOException 获取当前给定列族的 ResultScanner 实例。

（7）default void put（Put put）throws IOException 向表中添加值。

9. Put

Put 执行单行添加操作。一个 Put 实例代表一行记录。该类提供的常用方法如下：

（1）public Put addColumn（byte［］family，byte［］qualifier，byte［］value）将列族和列限定符对应值添加到一个 Put 实例中。

（2）public Put addColumn（byte［］family，byte［］qualifier，long ts，byte［］value）将列族和列限定符对应的值及时间戳添加到 Put 实例中。

10. Get

获取单行实例相关信息，包括列、列族、时间戳等。该类提供的常用方法如下：

（1）public Get addColumn（byte［］family，byte［］qualifier）获取指定列族和列限定符对应的值。

（2）public Get addFamily（byte［］family）获取指定列族对应的所有列的值。

（3）public Get setFilter（Filter filter）执行 Get 操作时设置服务器端的过滤器。

（4）public Get setTimeRange（long minStamp，long maxStamp）throws IOException 仅获取指定时间戳范围内的列版本。

11. Scan

Scan 获取所有行信息。该类提供的常用方法如下：

（1）public Scan addColumn（byte［］family，byte［］qualifier）类似 Get 类的对应函数。

（2）public Scan addFamily（byte［］family）类似 Get 类的对应函数。

（3）public Scan setTimeRange（long minStamp，long maxStamp）throws IOException 指定最大时间戳和最小时间戳，提取指定范围的所有 Cell。

（4）public Scan setFilter（Filter filter）指定 Filter 来过滤掉不需要的信息。

（5）public Scan setStartRow（byte［］startRow）指定开始的行。如果不调用，则从表头开始。

（6）public Scan setStopRow（byte［］stopRow）指定结束行（不含此行）。

12. Result

Result 类存储 Get 或者 Scan 操作后获取表的单行值。使用此类提供的方法可以直接获取值或者各种 Map 结构（key- value 对）。该类提供的常用方法如下：

（1）public boolean containsColumn（byte［］family，byte［］qualifier）检查指定列的值是否存在（是否为空）。

（2）public NavigableMap < byte［］，byte［］> getFamilyMap（byte［］family）获取指定列族包含的列限定符和值之间的键值对。

（3）public byte［］getValue（byte［］family，byte［］qualifier）获取对应列的最新值。

13. ResultScanner

客户端获取值的接口。该接口提供的常用方法如下：

（1）void close( )关闭 scanner 并释放资源。

（2）Result next( )throws IOException 获取下一行的值。

5.6.2 HBase Java API 编程

下面两个例子程序演示了使用 HBase Java API 也能实现 HBase Shell 命令同样的功能。

【例 5-2】 使用 HBase Java API 创建一个雇员信息表 employees，其表结构如表 5-2 所示。name 作为行键，address 列族下有 province、city 两个列，info 列族下有 height、weight、birthday 3 个列。请向 employees 中插入行键为 zhangsan 的记录，然后全表扫描并输出所有数据。

表5-2 雇员信息表 employees

name	address		info		
	province	city	height	weight	birthday
zhangsan	guangdong	guangzhou	1698	70	2005-06-08

完成上述功能的源代码如下：

```
import java.io.IOException;
import org.apache.hadoop.conf.Configuration;
import org.apache.hadoop.hbase.*;
import org.apache.hadoop.hbase.client.*;
import org.apache.hadoop.hbase.util.Bytes;

public class Employees {
    public static void main(String[]args)throws IOException {
```

```
Configuration configuration = HBaseConfiguration.create();
/* *192.168.0.130 是本虚拟机的 IP 地址,可用 localhost 代替 */
configuration.set("hbase.rootdir","hdfs://192.168.0.130:9000/hbase");
/* *实例化连接 */
    Connection connection = ConnectionFactory.createConnection
(configuration);
Admin admin = connection.getAdmin();
String myTableName = "employees";
TableName tableName = TableName.valueOf(myTableName);
/* *如果存在要创建的表,那么先删除,再创建 */
if(admin.tableExists(tableName)){
    admin.disableTable(tableName);
    admin.deleteTable(tableName);
    System.out.println(tableName + " is exist,detele....");
}
    /* *创建表描述构建对象 */
TableDescriptorBuilder tableDesBuilder = TableDescriptorBuild-
er.newBuilder(tableName);
    /* *添加列族之前,先要创建列族构建对象,列族名为 info */
    ColumnFamilyDescriptorBuilder cFamilyBuilderInfo = Column-
FamilyDescriptorBuilder.newBuilder("info".getBytes());
    /* *构建列族描述对象 */
    ColumnFamilyDescriptor cFamilyDescriptorInfo = cFamily-
BuilderInfo.build();
    /* *添加一个列族 */
    tableDesBuilder.setColumnFamily(cFamilyDescriptorInfo);
    ColumnFamilyDescriptorBuilder cFamilyBuilderAddress =
ColumnFamilyDescriptorBuilder.newBuilder("address".getBytes());
    /* *构建列族描述对象 */
    ColumnFamilyDescriptor cFamilyDescriptorAddress = cFamily-
BuilderAddress.build();
    /* *添加一个列族 */
    tableDesBuilder.setColumnFamily(cFamilyDescriptorAddress);
    /* *构建表描述对象 */
TableDescriptor tableDesc = tableDesBuilder.build();
admin.createTable(tableDesc);                    //创建表
    /* *通过表名获取表的实例 */
Table table = connection.getTable(tableName);
```

```
            /* *创建一个 Put 实例,对应的行键为 zhangsan * /
            Put put = new Put (Bytes. toBytes ("zhangsan"));
        /* *往 Put 实例中添加一个单元格的值,列簇为 info 的值,列名为 hight,值为
1698 * /
            put. addColumn (Bytes. toBytes ("info"),Bytes. toBytes ("height"),
Bytes. toBytes ("1698"));
            put. addColumn (Bytes. toBytes ("info"),Bytes. toBytes ("weight"),
Bytes. toBytes ("70"));
            put. addColumn (Bytes. toBytes ("info"), Bytes. toBytes ("birth-
day"),Bytes. toBytes ("2005-06-08"));
            put. addColumn (Bytes. toBytes ("address"),Bytes. toBytes ("prov-
ince"),Bytes. toBytes ("guangdong"));
            put. addColumn (Bytes. toBytes ("address"), Bytes. toBytes ("cit-
y"),Bytes. toBytes ("guangzhou"));
            /* *将 Put 实例内容添加到 table 实例指定的表中 * /
            table. put (put);
            Scan s = new Scan ();
            /* * scan 全表扫描 * /
            ResultScanner rs = table. getScanner (s);
            /* *遍历并打印出结果集中指定数据的信息 * /
            for(Result r:rs){
                Cell[]cell = r. rawCells ();
                int i = 0;
                int cellcount = r. rawCells (). length;
                System. out. print ( " 行健:" + Bytes. toString (CellU-
til. cloneRow(cell[i])));
                for(i = 0;i < cellcount;i + +){
                System. out. print (" " + Bytes. toString (CellUtil. cloneFamily
(cell[i])));
                System. out. print (" :" +Bytes. toString (CellUtil. cloneQualifier
(cell[i])));
                System. out. print (" " +Bytes. toString (CellUtil. cloneValue (cell
[i])));
                System. out. print (" 时间戳:" +cell[i]. getTimestamp ());
                System. out. println ();
                }
```

```
        System.out.println();
    }
    table.close();
    admin.close();
    connection.close();
    }
}
```

使用 Eclipse 开发 HBase 程序的步骤与第 3 章开发 HDFS 程序的步骤基本相同，但开发 HBase 程序需要在项目中添加所需 JAR 包。

当输入源代码时，发现与 HBase 有关的代码都报错，其原因是找不到所需 JAR 包。在项目中添加所需 JAR 包的具体操作如下：

（1）用鼠标右键单击 HBase 项目 Emp，在弹出的菜单中选择 Build Path→Configure Build Path…，如图 5-27 所示。

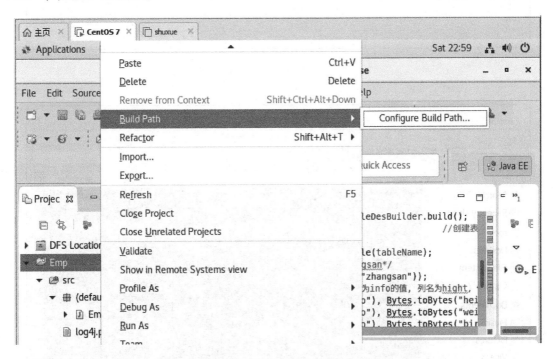

图 5-27　选择 Emp 项目的 Configure Build Path

（2）弹出 Properties for Emp 窗口，可以看到配置 Java Build Path 的界面，如图 5-28 所示。

（3）单击 Add External JARs 按钮，进入 JAR Selection 界面。将路径转到 $HBASE_HOME/lib（本机安装的路径为/user/soft/hbase-2.2.2/lib），并选中该路径下的所有 JAR 包（先单击第一个 JAR 包，按<Shift>键，再单击最后一个 JAR 包即可选中所有的 JAR 包），如图 5-29 所示。单击 OK 按钮，在弹出的界面中再单击 OK 按钮，返回主界面，成功添加了所需 JAR 包，与 HBase 有关的报错都没有了。

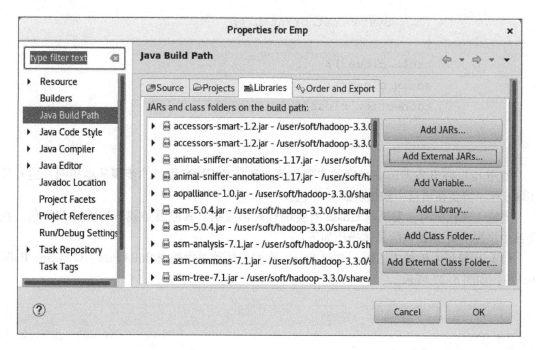

图 5-28　配置 Java Build Path 的界面

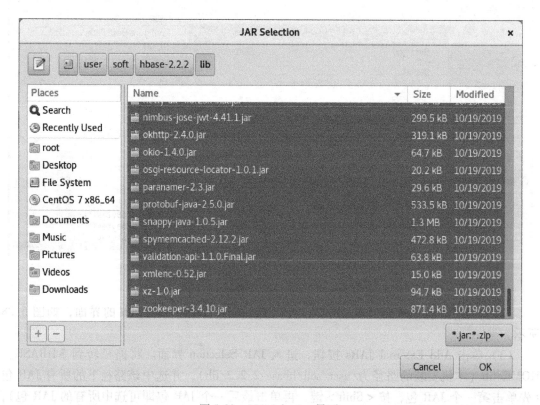

图 5-29　JAR Selection 界面

程序的运行结果如图 5-30 所示。

```
Console ⊠  Map/Reduce Locations
<terminated> Employees [Java Application] /user/soft/jdk1.8.0_161/bin/java (Feb 13, 2022, 11:37:36 AM)
22/02/13 11:37:45 INFO client.HBaseAdmin: Operation: DELETE, Table Name: default:employees,
employees is exist,detele....
22/02/13 11:37:48 INFO client.HBaseAdmin: Operation: CREATE, Table Name: default:employees,
行键: zhangsan      address : city    guangzhou   时间戳: 1644723468982
      address : province    guangdong   时间戳: 1644723468982
      info : birthday    2005-06-08  时间戳: 1644723468982
      info : height    1698  时间戳: 1644723468982
      info : weight    70  时间戳: 1644723468982

22/02/13 11:37:49 INFO client.ConnectionImplementation: Closing master protocol: MasterServic
```

图 5-30　例 5-2 程序的运行结果

【例 5-3】　使用 HBase Java API 完成例 5-1 的各种操作。

完成本例题的程序源代码如下：

```java
import org.apache.hadoop.conf.Configuration;
import org.apache.hadoop.hbase.*;
import org.apache.hadoop.hbase.client.*;
import org.apache.hadoop.hbase.util.Bytes;
import java.io.IOException;

public class student {
    public static Configuration configuration;
    public static Connection connection;
    public static Admin admin;

    public static void main(String[]args)throws IOException {
        createTable("student",new String[]{ "info","score" });
        insertData("student","2021001","info","name","zhangsan");
        insertData("student","2021001","info","class","A");
        insertData("student","2021001","score","English","85");
        insertData("student","2021001","score","math","78");
        insertData("student","2021001","score","Chinese","89");
        insertData("student","2021002","info","name","lisi");
        insertData("student","2021002","info","class","B");
        insertData("student","2021002","score","English","80");
        insertData("student","2021002","score","math","91");
        insertData("student","2021002","score","Chinese","86");
        getAllRows("student");
        getData("student","2021001","score","math");
```

```
        getRow("student","2021002");
        delData("student","2021002","score","math");
        getRow("student","2021002");
    }


    /**建立连接*/
    public static void init(){
        configuration=HBaseConfiguration.create();
        /**192.168.0.130是本虚拟机的IP地址,可用localhost代替*/
        configuration.set("hbase.rootdir","hdfs://192.168.0.130:
9000/hbase");
        try{
            connection=ConnectionFactory.createConnection(configuration);
            admin=connection.getAdmin();
        }catch(IOException e){
            e.printStackTrace();
        }
    }


    /**关闭连接*/
    public static void close(){
        try{
            if(admin != null){
                admin.close();
            }
            if(null != connection){
                connection.close();
            }
        }catch(IOException e){
            e.printStackTrace();
        }
    }


    /**创建表*/
    /**@param myTableName 表名
     *@param colFamily列族数组
     *@throws IOException*/
    public static void createTable(String myTableName,String[]colFamily)
```

```
                     throws IOException {
        init();
        TableName tableName = TableName. valueOf(myTableName);
        /* *如果存在要创建的表,先删除,再创建*/
        if(admin. tableExists(tableName)){
            admin. disableTable(tableName);
            admin. deleteTable(tableName);
            System. out. println(tableName + " is exist,detele.... ");
        }
        /* *创建表描述构建对象*/
        TableDescriptorBuilder tableDesBuilder = TableDescriptorBuild-
er. newBuilder(tableName);
        for(String str :colFamily){
            /* *添加列族之前,先要创建列族构建对象,列族名为 str*/
            ColumnFamilyDescriptorBuilder cFamilyBuilder = ColumnFami-
lyDescriptorBuilder. newBuilder(str. getBytes());
            /* *构建列族描述对象*/
            ColumnFamilyDescriptor  cFamilyDescriptor = cFamilyBuild-
er. build();
            /* *添加一个列族*/
            tableDesBuilder. setColumnFamily(cFamilyDescriptor);
        }
        /* *构建表描述对象*/
        TableDescriptor tableDescriptor = tableDesBuilder. build();
        admin. createTable(tableDescriptor);        // 创建表
        close();
        }


    /** 添加数据*/
    /* * @ param tableName 表名
       * @ param rowkey 行键
       * @ param family 列族
       * @ param column 列限定符
       * @ param value 数据
       * @ throws Exception*/
    public static void insertData(String tableName,String rowkey,
            String family,String column,String value) throws IOEx-
ception {
```

```
        init();
        Table table = connection.getTable (TableName.valueOf (ta-
bleName));
        /** 创建一个 Put 实例,对应的行键为 rowkey 的值 */
        Put put = new Put (Bytes.toBytes(rowkey));
        /** 往 Put 实例中添加一个单元格的值,列簇为 family 的值,列名为
column 的值,值为 value 的值 */
        put.addColumn (Bytes.toBytes(family),Bytes.toBytes(column),
            Bytes.toBytes(value));
        /** 将 Put 实例内容添加到 table 实例指定的表中 */
        table.put(put);
        table.close();
        close();
    }


    /** 获取某单元格数据 */
    /** @ param tableName 表名
     * @ param rowkey 行键
     * @ param family 列族
     * @ param column 列限定符
     * @ throws IOException */
    public static void getData (String tableName, String rowkey,
String family,
            String column) throws IOException {
        init();
        Table table = connection.getTable (TableName.valueOf (ta-
bleName));
        /** 创建一个 Get 实例,对应的行键为 rowkey 的值 */
        Get get = new Get (Bytes.toBytes(rowkey));
        /** 获取指定列族和列修饰符的列 */
        get.addColumn (Bytes.toBytes(family),Bytes.toBytes(column));
        /** 获取的 result 数据是结果集,还需要格式化输出想要的数据 */
        Result result = table.get(get);
        System.out.println(new String ( result.getValue ( family.
getBytes(),
            column == null ? null:column.getBytes())));
        table.close();
```

```
        close();
    }

/** 获取某一行数据 */
/** @ param tableName 表名
  * @ param rowkey 行键
  * @ throws IOException */
public static void getRow(String tableName,String rowkey)
        throws IOException {
    init();
    Table table = connection.getTable(TableName.valueOf(ta-
bleName));
    /** 创建一个 Get 实例,对应的行键为 rowkey 的值 */
    Get get = new Get(Bytes.toBytes(rowkey));
    /** 获取的 result 数据是结果集 */
    Result result = table.get(get);
    Cell[] cell = result.rawCells();
    int i = 0;
    int cellcount = result.rawCells().length;
    System.out.print("行健:" + Bytes.toString(CellUtil.cloneR-
ow(cell[i])));
    for(i = 0; i < cellcount; i ++){
        System.out.print("   "
                +Bytes.toString(CellUtil.cloneFamily(cell[i])));
        System.out.print(":"
                +Bytes.toString(CellUtil.cloneQualifier(cell[i])));
        System.out.print("   "
                +Bytes.toString(CellUtil.cloneValue(cell[i])));
        System.out.print("   时间戳:" + cell[i].getTimestamp());
        System.out.println();
    }
    table.close();
    close();
}

/**
 * 当所有参数非 null 时,删除一个单元格的数据;当 column 取值为
null 时,删除一个列族的数据;
```

```
         * 当 family 和 column 取值都为 null 时,删除一行数据
         */
        /** @param tableName 表名
         * @param rowkey 行键
         * @param family 列族
         * @param column 列限定符
         * @throws IOException */
        public static void delData (String tableName, String rowkey,
String family,
                String column) throws IOException {
            init();
            Table table = connection.getTable(TableName.valueOf(tableName));
            /** 根据 rowkey 删除 */
            Delete del = new Delete(Bytes.toBytes(rowkey));
            if(column != null){
                /** 根据列删除 */
                del.addColumn(Bytes.toBytes(family),Bytes.toBytes(column));
            } else if(family != null){
                /** 根据列族删除 */
                del.addFamily(Bytes.toBytes(family));
            }
            table.delete(del);
            table.close();
            close();
        }

        /** 根据表名扫描表,获取所有数据 */
        /** @param tableName 表名
         * @throws IOException */
        public static void getAllRows (String tableName) throws IOException {
            init();
            Table table = connection.getTable (TableName.valueOf
(tableName));
            Scan s = new Scan();
            /** scan 全表扫描 */
            ResultScanner rs = table.getScanner(s);
            /** 遍历并打印出结果集中指定数据的信息 */
```

```
        for(Result r:rs){
            Cell[] cell = r. rawCells();
            int i = 0;
            int cellcount = r. rawCells(). length;
            System. out. print("行健:"
                    +Bytes. toString(CellUtil. cloneRow(cell[i])));
            for(i = 0; i < cellcount; i ++){
                System. out. print("   "
                        +Bytes. toString(CellUtil. cloneFamily(cell
[i])));
                System. out. print(":"
                        + Bytes. toString ( CellUtil. cloneQualifier
(cell[i])));
                System. out. print("   "
                        + Bytes. toString (CellUtil. cloneValue (cell
[i])));
                System. out. print("  时间戳:"+cell[i]. getTimestamp());
                System. out. println();
            }
            System. out. println();
        }
        table. close();
        close();
    }
}
```

由于运行结果分布在多处，不便截图，所以本例题没有给出程序运行结果。

5.7 本章小结

本章首先介绍了 HBase 的基础知识。HBase 是 BigTable 的开源实现，主要用来存储非结构化和半结构化的松散数据，支持大规模数据集，易于扩展，适用于廉价机器。

HBase 是一个稀疏、多维度、分布式、有序的映射表。它采用行键、列族、列限定符和时间戳进行索引，每个值都是未经解释的字符串。

HBase 采用分区存储，一个大的表会被拆分成许多个 Region，这些 Region 会被分配到不同的 Region 服务器上。

HBase 的系统架构包括客户端、ZooKeeper 服务器、Master 主服务器、Region 服务器。客户端包含访问 HBase 的接口；ZooKeeper 服务器负责提供协同服务；Master 主服务器主要负责表和 Region 的管理；Region 服务器负责维护分配给自己的 Region，并响应用户的读/写请求。

本章最后详细介绍了 HBase Shell、HBase Java API 及编程方法。

习　　题

5-1　请以实例说明 HBase 的数据模型。

5-2　试述 HBase 各功能组件及其作用。

5-3　请用 HBase Shell 完成例 5-2 的各种操作。

实验　HBase 编程实践

1. 实验目的

（1）理解 HBase 数据模型。

（2）理解 HBase 系统架构。

（3）熟练掌握 HBase Shell 常用命令的使用。

（4）初步掌握 HBase Java API 的编程方法。

2. 实验环境

操作系统：CentOS 7（虚拟机）。

Hadoop 版本：3.3.0。

JDK 版本：1.8。

Java IDE：Eclipse。

HBase 版本：2.2.2。

3. 实验内容和要求

（1）请用 HBase Shell 命令完成以下操作：

① 创建一个学生信息表 student2，其结构如表 5-3 所示。

② 向表 student2 中插入 Row Key 为 zhangsan 和 lisi 的两条记录。

③ 查询 zhangsan 的地址（address）。

④ 查询 lisi 的 Hadoop 成绩。

表 5-3　学生信息表 student2

Row Key	address			score		
	province	city	street	Java	Hadoop	Chinese
zhangsan	guangdong	guangzhou	yinglonglu	85	80	90
lisi	guangxi	guilin	putuolu	87	82	78

（2）请用 HBase Java API 完成上述各种操作。

第6章

数据仓库 Hive

Hive 是基于 Hadoop 的一个开源数据仓库工具，可用来进行数据提取、转化和加载。Hive 数据仓库工具能将结构化的数据文件映射为一张数据库表，并提供 SQL 查询功能，这套 SQL 称为 HiveQL（Hive Query Language）。当采用 MapReduce 作为执行引擎时，Hive 能将 HiveQL 语句转换成一系列 MapReduce 任务，使不熟悉 MapReduce 的开发人员可以很方便地利用 HiveQL 查询、汇总和分析数据，因而十分适合数据仓库的统计分析。

本章首先介绍 Hive 的入门知识，然后阐述 Hive 伪分布式安装步骤，最后介绍 Hive 编程的基础知识和编程实例。

6.1 概述

本节首先简单地介绍数据仓库和 Hive，然后分析 Hive 与关系型数据库的区别，最后阐述 Hive 的系统架构。

6.1.1 数据仓库简介

数据仓库是一个面向主题的、集成的、随时间变化的、但信息本身相对稳定的数据集合，用于支持企业或组织的管理决策。数据源是数据仓库系统的基础，通常包括存放于关系数据库中的各种业务处理数据、各类文档数据、各类法律法规、市场信息和竞争对手的信息等。数据仓库就是整合多个数据源的历史数据进行多角度、多维度的分析，并发现趋势，帮助高层管理者或者业务分析人员做出商业战略决策。

6.1.2 Hive 简介

Hive 最初由 Facebook 公司开发，主要用于解决海量结构化日志数据的离线分析。Hive 是基于 Hadoop 的一个数据仓库工具，可以将结构化的数据文件映射为一张数据库表，并提供了类 SQL 查询语言 HiveQL（Hive Query Language）。当采用 MapReduce 作为执行引擎时，Hive 能将 HiveQL 语句转变成 MapReduce 任务来执行，让不熟悉 MapReduce 的开发人员直接编写 HiveQL 语句来实现对大规模数据的统计分析操作，大大降低了学习门槛，同时提升了开发效率。Hive 在某种程度上可以看作用户编程接口，它本身并不存储数据和处理数据，而是依赖于 HDFS 存储数据，依赖于 MapReduce（或者 Spark、Tez）处理数据。

Hive 作为 Hadoop 平台上的数据仓库工具，应用非常广泛，主要是因为它具有的特点十分适合数据仓库的统计分析。首先，HiveQL 查询语句的语法结构与传统 SQL 语句的语法结构几乎一样，开发人员不需要学习新的编程知识，使用 HiveQL 语句就能处理海量数据，大大降低了编程难度。其次，数据仓库存储的是静态数据，对静态数据的分析一般采用批处理方式，不需要快速响应并得出结果，因而适合采用 MapReduce 进行批处理。再次，Hive 本身提供了用来对数据进行提取、转化和加载的工具，可以存储、查询和分析存储在 Hadoop 中的海量数据。

6.1.3　Hive 与关系型数据库的区别

HiveQL 查询语句的语法结构与传统 SQL 语句的语法结构几乎一样，因此 Hive 会被误解成关系型数据库。但是 Hive 的底层依赖的是 HDFS 和 MapReduce（或者 Spark、Tez），所以在很多方面又有别于关系型数据，两者的区别如表 6-1 所示。

表 6-1　Hive 与关系型数据库的区别

对比内容	Hive	关系型数据库
查询语言	HiveQL	SQL
数据存储位置	HDFS	本地文件系统
数据更新	不支持	支持
索引	支持有限索引	支持复杂索引
分区	支持	支持
执行引擎	MapReduce、Spark、Tez	自身的执行引擎
执行延迟	高	低
扩展性	好	有限
数据规模	大	小

6.1.4　Hive 系统架构

Hive 主要由元数据、驱动和用户接口 3 个部分组成，如图 6-1 所示。

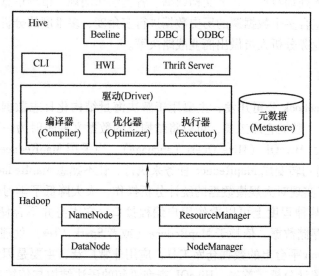

图 6-1　Hive 系统架构

1. 元数据

元数据（Metastore）需要存储在关系型数据库中，Hive 默认使用 Derby 作为存储引擎，但一般推荐使用 MySQL 存储元数据。元数据主要包含表的模式信息，如表名、表所属的数据库、表的属性、表的列及其属性、表的分区及其属性、表中数据所在位置信息等。

2. 驱动

驱动（Driver）包括编译器（Compiler）、优化器（Optimizer）和执行器（Executor）等，可以采用 MapReduce、Spark 或 Tez 作为执行引擎。当采用 MapReduce 作为执行引擎时，Hive 能将 HiveQL 语句转换成一系列 MapReduce 任务。

3. 用户接口

用户接口包括 CLI（Commmand Line Interface）、Beeline、HWI（Hive Web Interface）、JDBC、ODBC、Thrift Server 等，用来实现外部应用对 Hive 的访问。CLI 是 Hive 自带的命令行客户端工具，是非常常用的一种用户接口。Beeline 是 Hive 新的命令行客户端工具，类似于 CLI，功能更强大，支持嵌入模式和远程模式连接 Hiveserver2 服务来操作 Hive。HWI 是 Hive 的 Web 访问接口，提供了一种可以通过浏览器来访问 Hive 的服务。JDBC、ODBC 以及 Thrift Server 可以向用户提供进行编程访问的接口。

6.2 Hive 伪分布式安装

Hive 的元数据需要存储在关系型数据库中，Hive 默认使用 Derby 作为存储引擎。Derby 引擎的缺点是一次只能打开一个会话，不能多用户并发访问，所以需要安装 MySQL，并将 Hive 的存储引擎修改为 MySQL。本节先介绍 MySQL 的安装方法，然后介绍 Hive 伪分布式安装的步骤。

6.2.1 MySQL 的安装和配置

不同版本 MySQL 的安装方法可能会有所不同，下面以 MySQL 5.6.51 为例介绍 MySQL 的在线安装方法。在安装 MySQL 前需要配置 Google 域名服务器，Google 域名服务器的地址为：8.8.8.8。

1. 下载 MySQL 安装文件

在线安装 MySQL，先使用 wget 命令下载安装文件。wget 命令如下：

```
wget http://dev.mysql.com/get/mysql-community-release-el7-5.noarch.rpm
```

执行结果如图 6-2 所示。

2. 安装 mysql-community-release-el7-5.noarch.rpm

下载 mysql-community-release-el7-5.noarch.rpm 以后，使用如下命令进行安装：

```
rpm -ivh mysql-community-release-el7-5.noarch.rpm
```

执行结果如图 6-3 所示。

3. 安装 MySQL Server

使用如下命令，安装 MySQL Server：

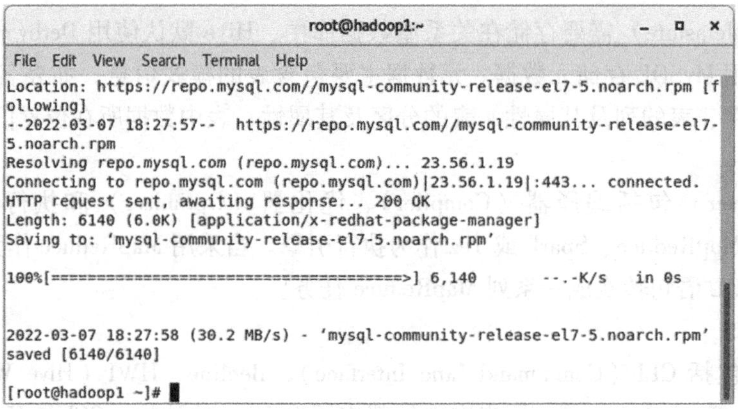

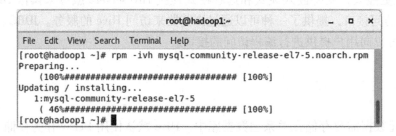

图 6-2　下载 MySQL 安装文件

```
[root@hadoop1 ~]# rpm -ivh mysql-community-release-el7-5.noarch.rpm
Preparing...
   (100%############################## [100%]
Updating / installing...
   1:mysql-community-release-el7-5
   ( 46%############################## [100%]
[root@hadoop1 ~]#
```

图 6-3　安装 mysql-community-release-el7-5.noarch.rpm

```
yum install mysql-community-server
```

在安装过程中，需要输入"y"确认下载，执行结果如图 6-4 所示。

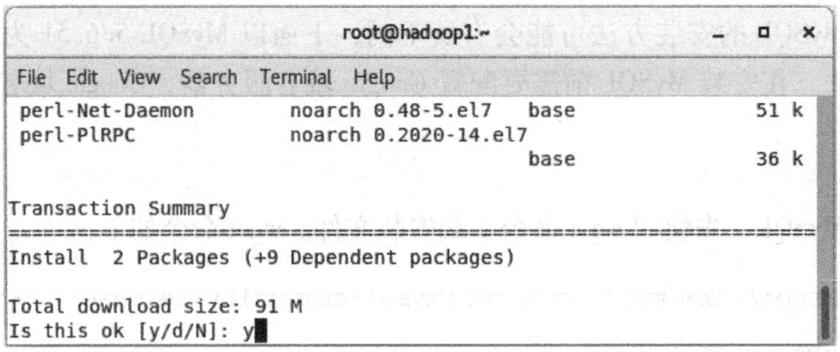

```
perl-Net-Daemon          noarch 0.48-5.el7     base           51 k
perl-PlRPC               noarch 0.2020-14.el7
                                               base           36 k

Transaction Summary
================================================================================
Install  2 Packages (+9 Dependent packages)

Total download size: 91 M
Is this ok [y/d/N]: y
```

图 6-4　安装 MySQL Server

4. 启动 MySQL

执行命令：systemctl start mysqld.service，启动 MySQL。

5. 登录 MySQL

MySQL 启动以后，用户可以从终端登录 MySQL。执行命令：mysql - uroot - p，提示"Enter password："，由于 MySQL 5.6.51 默认密码为空，直接按 < Enter > 键即可。命令执行结果如

图 6-5 所示。

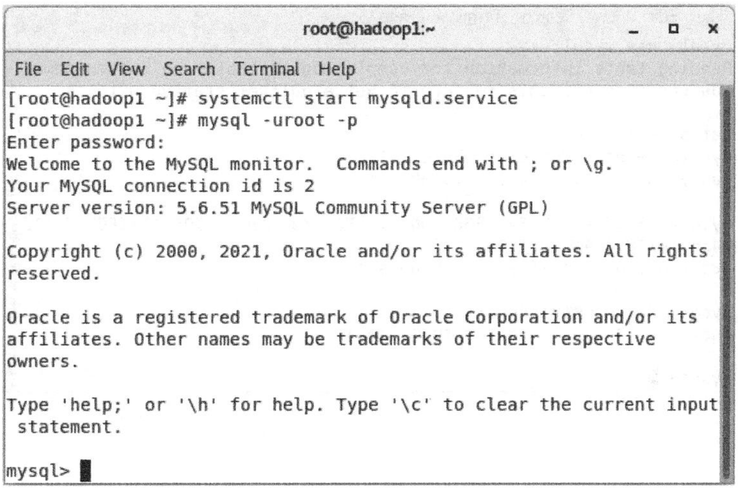

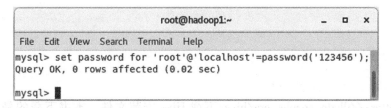

图 6-5　登录 MySQL

6. 设置 root 本地登录密码

执行命令：set password for ′root′@′localhost′ = password(′123456′)，设置 root 本地登录密码。命令执行结果如图 6-6 所示。

图 6-6　设置 root 本地登录密码

7. 授权

执行下列命令：

```
use mysql;
delete from user where 1 =1;
GRANT ALL PRIVILEGES ON *.* TO 'root'@'%' IDENTIFIED BY '123456'
WITH GRANT OPTION;
FLUSH PRIVILEGES;
```

将 MySQL 数据库的所有权限授权于用户 root，命令执行结果如图 6-7 所示。

8. 创建数据库

执行命令：create database hive_18，创建数据库 hive_18，命令执行结果如图 6-8 所示。这里创建的 hive_18 将在安装 Hive 时用到。执行命令：quit 可退出 MySQL。至此，MySQL 安装完成。

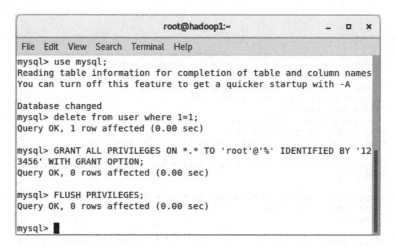

图 6-7　给用户 root 授权

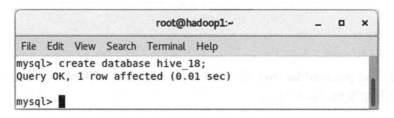

图 6-8　创建数据库 hive_18

6.2.2　Hive 的安装和配置

1. 下载并解压 Hive 安装文件

可以从 https://dlcdn. apache. org/hive/下载 Hive 安装文件，本书下载的是 apache-hive-3. 1. 2-bin. tar. gz。将 apache-hive-3. 1. 2-bin. tar. gz 复制到/user/soft 目录下，执行命令 cd /user/soft，进入/user/soft/目录。执行解压命令 tar -zxvf apache-hive-3. 1. 2-bin. tar. gz，如图 6-9 所示。生成 Hive 主安装目录 apache-hive-3. 1. 2-bin。

图 6-9　解压 Hive 安装文件

2. 配置环境变量

执行命令 gedit /etc/profile，打开 profile 文件，增加如下代码：

```
export HIVE_HOME = /user/soft/apache-hive-3. 1. 2-bin
export PATH = $HIVE_HOME/bin: $PATH
```

执行命令 source /etc/profile，使配置文件生效。

3. 配置 hive-env. sh

切换到 Hive 的配置文件目录/user/soft/apache-hive-3.1.2-bin/conf，将配置模板文件
hive-env. sh. template 重命名为 hive-env. sh，如图 6-10 所示。

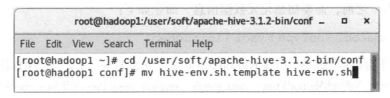

图 6-10　重命名 hive-env. sh. template

执行命令 gedit hive-env. sh，打开 hive-env. sh，增加如下代码：

    HADOOP_HOME = /user/soft/hadoop-3.3.0

4. 配置 hive-site. xml

在/user/soft/apache-hive-3.1.2-bin/conf 目录下，执行命令 gedit hive-site. xml，创建并
打开 hive-site. xml，添加配置信息，执行结果如图 6-11 所示。

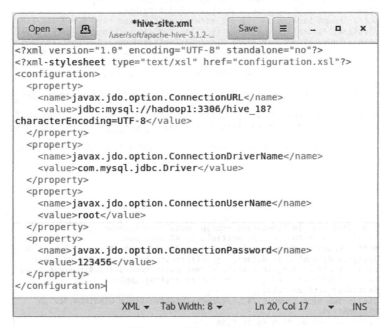

图 6-11　配置 hive-site. xml

5. 配置 hive-config. sh

执行命令 gedit /user/soft/apache-hive-3.1.2-bin/bin/hive-config. sh，打开 hive-config. sh，
在文件末尾添加如下 3 行代码：

    export JAVA_HOME = /user/soft/jdk1.8.0_161
    export HADOOP_HOME = /user/soft/hadoop-3.3.0
    export HIVE_HOME = /user/soft/apache-hive-3.1.2-bin

6. 添加 MySQL 驱动

将 mysql-connector-java-5.1.27-bin.jar（可以在作者提供的资源文件中找到）复制到/user/soft/apache-hive-3.1.2-bin/lib 目录下面。

7. 元数据初始化

在启动 Hive 之前，需要初始化元数据信息，命令如下：

```
schematool -dbType mysql -initSchema
```

一般情况下会初始化成功，但在 Hadoop 3.3.0 之上安装 Hive 3.1.2 会产生如图 6-12 所示的异常。“java.lang.NoSuchMethodError：com.google.common.base.Preconditions.checkArgument”是因为 Hive 内依赖的 guava.jar 和 Hadoop 内的版本不一致造成的。解决方法是：查看 $HADOOP_HOME/share/hadoop/common/lib 目录下的 guava.jar 版本和 $HIVE_HOME/lib 目录下的 guava.jar 的版本，如果两者不一致，删除低版本，并复制高版本到原低版本所在的目录，就可以解决问题。初始化成功的执行结果（已删除了多余的空行）如图 6-13 所示。

```
root@hadoop1:~
File  Edit  View  Search  Terminal  Help
[root@hadoop1 ~]# schematool -dbType mysql -initSchema
SLF4J: Class path contains multiple SLF4J bindings.
SLF4J: Found binding in [jar:file:/user/soft/apache-hive-3.1.2-bin/lib
/log4j-slf4j-impl-2.10.0.jar!/org/slf4j/impl/StaticLoggerBinder.class]
SLF4J: Found binding in [jar:file:/user/soft/hadoop-3.3.0/share/hadoop
/common/lib/slf4j-log4j12-1.7.25.jar!/org/slf4j/impl/StaticLoggerBinde
r.class]
SLF4J: See http://www.slf4j.org/codes.html#multiple_bindings for an ex
planation.
SLF4J: Actual binding is of type [org.apache.logging.slf4j.Log4jLogger
Factory]
Exception in thread "main" java.lang.NoSuchMethodError: com.google.com
mon.base.Preconditions.checkArgument(ZLjava/lang/String;Ljava/lang/Obj
ect;)V
        at org.apache.hadoop.conf.Configuration.set(Configuration.java
:1380)
```

图 6-12　元数据初始化异常

```
[root@hadoop1 ~]# schematool -dbType mysql -initSchema
SLF4J: Class path contains multiple SLF4J bindings.
SLF4J: Found binding in [jar:file:/user/soft/apache-hive-3.1.2-bin/lib/
log4j-slf4j-impl-2.10.0.jar!/org/slf4j/impl/StaticLoggerBinder.class]
SLF4J: Found binding in [jar:file:/user/soft/hadoop-3.3.0/share/hadoop/
common/lib/slf4j-log4j12-1.7.25.jar!/org/slf4j/impl/
StaticLoggerBinder.class]
SLF4J: See http://www.slf4j.org/codes.html#multiple_bindings for an
explanation.
SLF4J: Actual binding is of type
[org.apache.logging.slf4j.Log4jLoggerFactory]
Metastore connection URL:        jdbc:mysql://hadoop1:3306/hive_18?
characterEncoding=UTF-8
Metastore Connection Driver :    com.mysql.jdbc.Driver
Metastore connection User:       root
Starting metastore schema initialization to 3.1.0
Initialization script hive-schema-3.1.0.mysql.sql
Initialization script completed
schemaTool completed
[root@hadoop1 ~]#
```

图 6-13　元数据初始化成功

8. 启动并验证 Hive

Hive 能够正常启动的前提是：Hadoop 集群和 MySQL 服务必须正常启动。

执行命令：hive，如果命令提示符变为 hive>（这是 Hive 交互式命令行提示符），再执行命令：show databases，能够显示所有的数据库，则说明 Hive 已成功启动，执行结果如图 6-14 所示。

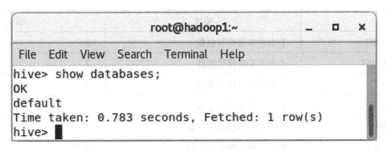

图 6-14　Hive 成功启动

9. 可能出现的错误

在执行 Hive 命令的过程中，如果出现了错误："Hadoop- Error：Could not find or load main class org.apache. hadoop.mapreduce. v2. app.MRAppMaster"，则需要向 $ HADOOP _ HOME/etc/hadoop/mapred- site. xml 添加以下配置信息：

```xml
<property >
    <name >yarn.app. mapreduce.am.env </name >
        <value >HADOOP_MAPRED_HOME = ${HADOOP_HOME} </value >
</property >
<property >
    <name >mapreduce.map.env </name >
        <value >HADOOP_MAPRED_HOME = ${HADOOP_HOME} </value >
</property >
<property >
    <name >mapreduce.reduce.env </name >
        <value >HADOOP_MAPRED_HOME = ${HADOOP_HOME} </value >
</property >
```

6.3　Hive 编程基础

HiveQL 它与大部分 SQL 语法兼容，但不完全支持 SQL 标准，如 HiveQL 不支持事务，也不支持更新操作，它主要用于分析处理存储在 HDFS 中的结构化数据。本节首先介绍 Hive 的数据类型，然后介绍 Hive 的基本操作，最后列举 Hive 的应用实例。

6.3.1　Hive 的数据类型

Hive 的数据类型分为基本数据类型和集合数据类型两类。需要注意的是，在创建表时数据类型不区分大小写。

1. 基本数据类型

基本数据类型与大多数关系型数据库中的数据类型相同，常用的基本数据类型如表 6-2 所示。

表 6-2　Hive 常用的基本数据类型

类型	描述	示例
TINYINT	1 个字节有符号整数	2
SMALLINT	2 个字节有符号整数	2
INT	4 个字节有符号整数	2
BIGINT	8 个字节有符号整数	2
FLOAT	4 个字节单精度浮点数	2.0
DOUBLE	8 个字节双精度浮点数	2.0
BOOLEAN	布尔类型，true 或 false	false
STRING	字符串	"hadoop"
TIMESTAMP	时间戳	1234562236
DATE	日期	'2022-3-18'
BINARY	字节数组	[0, 1, 2, 3, 0, 1, 2]

2. 集合数据类型

除基本数据类型以外，Hive 还提供了 ARRAY、MAP、STRUCT 3 种集合数据类型。集合数据类型是指该字段可以包含多个值，有时也称为复杂数据类型。集合数据类型如表 6-3 所示。

表 6-3　Hive 的集合数据类型

类型	描述	示例
ARRAY	数组，存储相同类型的数据，索引从 0 开始	Array (1, 2, 3)
MAP	一组无序的键/值对，键的类型必须是原子的，值可以是任何数据类型，同一个映射的键和值的类型必须相同	Map ('a', 2, 'c', 1)
STRUCT	一组命名的字段，字段类型可以不同	Struct ('c', 2, 0, 1)

6.3.2　数据库相关操作

Hive 中的数据库本质上就是表的一个目录或命名空间，如果用户没有使用 use 关键字显示指定数据库，那么将会使用默认的数据库 default。使用 HiveQL，可以创建数据库、查看数据库描述信息、删除数据库等。HiveQL 命令中的关键字不区分大小写。

1. 创建数据库

例如，创建数据库 testdb，命令如下：

```
hive> create database testdb;
```

如果 testdb 数据库已经存在，再创建 testdb 数据库就会抛出异常。加上 if not exists 关键字，可以避免抛出异常，命令如下：

```
hive> create database if not exists testdb;
```

2. 查看数据库描述信息

例如，查看 testdb 的描述信息，命令如下：

```
hive> describe database testdb;
```

3. 将某个数据库设置为用户当前的工作数据库

例如，将 testdb 设置为用户当前的工作数据库，命令如下：

```
hive> use testdb;
```

4. 显示所有的数据库

命令如下：

```
hive> show databases;
```

5. 删除数据库

例如，删除 testdb，命令如下：

```
hive> drop database testdb;
```

当数据库中存在表时，需要加 cascade 才能删除，命令如下：

```
hive> drop database testdb cascade;
```

上述命令的执行结果如图 6-15 所示。

```
hive> create database if not exists testdb;
OK
Time taken: 0.096 seconds
hive> describe database testdb;
OK
testdb          hdfs://hadoop1:9000/user/hive/warehouse/testdb.db
        root    USER
Time taken: 0.117 seconds, Fetched: 1 row(s)
hive> use testdb;
OK
Time taken: 0.071 seconds
hive> show databases;
OK
default
testdb
Time taken: 0.265 seconds, Fetched: 2 row(s)
hive> drop database testdb;
OK
Time taken: 0.471 seconds
```

图 6-15 数据库相关操作

6.3.3 表相关操作

1. 创建表

创建表的通用语句如下：

```
CREATE [EXTERNAL] TABLE [IF NOT EXISTS] table_name
[(col_name data_type [COMMENT col_comment],...)]
[COMMENT table_comment]
[PARTITIONED BY(col_name data_type [COMMENT col_comment],...)]
[CLUSTERED BY(col_name,col_name,...)
[SORTED BY(col_name [ASC|DESC],...)] INTO num_buckets BUCKETS]
[ROW FORMAT row_format]
[STORED AS file_format]
[LOCATION hdfs_path]
```

可使用 CREATE TABLE table_name 命令创建一个指定表名的表。如果相同名字的表已经存在，则会抛出异常。加上 IF NOT EXISTS 关键字，可以避免抛出异常。

下面介绍常用的可选项。

Hive 中有两种表：内部表和外部表。

Hive 默认创建的表都是内部表，每一个表在该数据仓库目录下都拥有一个对应的目录，用于存储数据。当删除一个内部表时，Hive 会同时删除元数据和这个数据目录。内部表不适合和其他工具共享数据。

EXTERNAL 关键字可以让编程人员创建一个外部表，在创建表的同时指定数据读取的路径（LOCATION）。外部表仅记录数据所在的路径，不对数据的位置做任何改变。当删除表时，外部表只删除元数据，数据文件不会删除。

Hive 中的分区就是分目录，把一个大的数据集根据业务需要分割成小的数据集。分区的好处是可以让数据按照区域进行分类，查询时避免全表扫描。可以使用 PARTITIONED BY 语句创建有分区的表，表和分区都可以对某个列进行 CLUSTERED BY 操作。

例如，在/user/data 路径下存储了文本文件 students.txt，其中第 1 列表示学号，第 2 列表示姓名，第 3 列表示某门课的成绩，第 4 列表示班级。文件内容如下：

```
1,Tom,85.0,A
2,Barry,81.0,C
3,Rich,87.0,B
4,George,83.0,B
5,Jones,86.0,A
6,Mark,97.0,C
7,Ulf,96.0,C
8,Jery,89.0,A
9,Alice,91.0,B
10,David,80.0,C
```

（1）创建内部表。根据上述数据创建内部表 students，命令的执行结果如图 6-16 所示。由于 students.txt 以 ',' 分割字段，所以在 HiveQL 中使用如下命令进行特别指定：

```
row format delimited fields terminated by ','
```

```
hive> create table if not exists students(
    > id int,
    > name string,
    > score double,
    > classes string)
    > row format delimited fields terminated by ',';
OK
Time taken: 1.91 seconds
```

图 6-16　创建内部表 students

（2）创建外部表。根据上述数据创建外部表 students2，命令的执行结果如图 6-17 所示。

```
hive> create external table if not exists students2(
    > id int,
    > name string,
    > score double,
    > classes string)
    > row format delimited fields terminated by ','
    > location '/test/e_table';
OK
Time taken: 0.499 seconds
```

图 6-17　创建外部表 students2

2. 查看表

例如，查看当前数据库中的表，命令如下：

```
hive> show tables;
```

3. 查看表的结构信息

例如，查看 students 表的结构信息，命令如下：

```
hive> describe students;
```

上述两条命令的执行结果如图 6-18 所示。

```
hive> show tables;
OK
students
students2
Time taken: 0.317 seconds, Fetched: 2 row(s)
hive> describe students;
OK
id                      int
name                    string
score                   double
classes                 string
Time taken: 0.286 seconds, Fetched: 4 row(s)
```

图 6-18　查看表及表结构信息

4. 删除表

例如，删除 students 表，命令如下：

```
hive> drop table students;
```

6.3.4 表中数据的加载

往表中加载数据，就是采用某种方法，将数据文件按表的规则放置在表所属的目录下。加载数据的语法规则如下：

```
LOAD DATA [LOCAL] INPATH 'filepath' [OVERWRITE] INTO TABLE tablename [PARTITION(partcol1 = val1,partcol2 = val2 ...)]
```

各参数的含义如下：

filepath：表示被加载数据文件的路径。

LOCAL：为可选关键字，当命令中有该关键字时，INPATH 后的路径代表的是本地文件系统上的路径；当没有该关键字时，INPATH 后的路径代表的是 HDFS 上的路径。

OVERWRITE：为可选关键字，当命令中有该关键字时，表 tablename 中原有的数据将被删除，然后把 filepath 中的文件导入到表 tablename 下。

1. 从本地加载数据到 Hive 表

例如，加载本地文件 students. txt 中的数据到 students 表，命令的执行结果如图 6-19 所示。其中，local 表示 INPATH 后的路径代表的是本地文件系统上的路径；overwrite 表示加载的数据将覆盖原有数据。

```
hive> load data local inpath '/user/data/students.txt'
overwrite into table students;
Loading data to table testdb.students
OK
Time taken: 6.974 seconds
```

图 6-19　加载本地数据到 Hive 表

2. 从 HDFS 中加载数据到 Hive 表

例如，从 HDFS 中加载 students. txt 中的数据到 students2 表，假设 students. txt 已上传到 HDFS 的/test2 目录下，命令的执行结果如图 6-20 所示。

```
hive> load data inpath '/test2/students.txt' overwrite
into table students2;
Loading data to table testdb.students2
OK
Time taken: 1.541 seconds
```

图 6-20　从 HDFS 中加载数据到 Hive 表

6.3.5 HiveQL 基本查询

对于数据库而言，查询始终是最核心的部分。Hive 提供了丰富的数据查询功能，这是 Hive 得到广泛应用的原因之一。

Hive 查询基本语法规则如下：

```
SELECT [ALL | DISTINCT] select_expr,select_expr,...
FROM table_reference
[WHERE where_condition]
[GROUP BY col_list]
[ORDER BY col_list]
[CLUSTER BY col_list
| [DISTRIBUTE BY col_list] [SORT BY col_list]
]
[LIMIT number]
```

各参数的含义如下：

ALL | DISTINCT：ALL 指全部，是默认形式；DISTINCT 会去掉查询结果中的重复数据。

FROM：指定所查询的表，如果有多个表需要同时查询，各表之间用"，"号分隔。

WHERE：指定查询表内容的过滤条件。

GROUP BY：指定按照哪些字段进行分组。

ORDER BY：对查询结果进行全局排序。

DISTRIBUTE BY：控制 map 结果的分发，它会将具有相同 Key 的 map 输出分发到同一个 reduce 节点上做处理。

SORT BY：对数据进行局部排序。

CLUSTER BY：当 DISTRIBUTE BY 和 SORT BY 所指定的字段相同时，且都是升序，CLUSTER BY 就相当于前两个语句。

LIMIT：指定查询记录的条数。

1. 基本查询

例如，查询 students 表中的所有记录，命令的执行结果如图 6-21 所示。

```
hive> select * from students;
OK
1        Tom        85.0        A
2        Barry      81.0        C
3        Rich       87.0        B
4        George     83.0        B
5        Jones      86.0        A
6        Mark       97.0        C
7        Ulf        96.0        C
8        Jery       89.0        A
9        Alice      91.0        B
10       David      78.0        C
Time taken: 3.456 seconds, Fetched: 10 row(s)
```

图 6-21　基本查询示例

2. where 语句

select 语句用于选择字段，where 语句用于筛选条件，两者结合使用，可查找出符合要求的信息。例如，查找 students 表中分数 90 分及以上的学生姓名和分数，命令的执行结果如图 6-22 所示。

```
hive> select name,score from students where score>=90;
OK
Mark    97.0
Ulf     96.0
Alice   91.0
Time taken: 6.537 seconds, Fetched: 3 row(s)
```

图 6-22   where 语句示例

3. like 和 rlike 语句

like 和 rlike 语句可以让用户通过字符串匹配来进行模糊查询,% 代表任意多个字符,其中 rlike 子句可以通过 Java 的正则表达式来指定匹配条件。例如,查询姓名以字母 J 开头的学生信息;查询姓名中包含字母 o 的学生信息。命令的执行结果如图 6-23 所示。

```
hive> select * from students where name like 'J%';
OK
5       Jones   86.0    A
8       Jery    89.0    A
Time taken: 2.034 seconds, Fetched: 2 row(s)
hive> select * from students where name rlike '[o]';
OK
1       Tom     85.0    A
4       George  83.0    B
5       Jones   86.0    A
Time taken: 0.508 seconds, Fetched: 3 row(s)
```

图 6-23   like 和 rlike 语句示例

4. group by 语句

group by 语句通常会和聚合函数一起使用,根据一个或多个列对结果集进行分组,然后对每个组执行聚合操作。例如,查询每个班的平均成绩,命令的执行结果如图 6-24 所示。

```
hive> select classes,avg(score) from students group by classes;
Query ID = root_20220321132831_1ed084fd-9064-4885-9143-06b053a56ab4
Total jobs = 1
Launching Job 1 out of 1
Number of reduce tasks not specified. Estimated from input data size: 1
In order to change the average load for a reducer (in bytes):
  set hive.exec.reducers.bytes.per.reducer=<number>
In order to limit the maximum number of reducers:
  set hive.exec.reducers.max=<number>
In order to set a constant number of reducers:
  set mapreduce.job.reduces=<number>
Starting Job = job_1647828279886_0001, Tracking URL =
http://hadoop1:8088/proxy/application_1647828279886_0001/
Kill Command = /user/soft/hadoop-3.3.0/bin/mapred job  -kill job_1647828279886_0001
Hadoop job information for Stage-1: number of mappers: 1; number of reducers: 1
2022-03-21 13:29:21,840 Stage-1 map = 0%,  reduce = 0%
2022-03-21 13:29:47,589 Stage-1 map = 67%,  reduce = 0%, Cumulative CPU 10.33 sec
2022-03-21 13:29:48,617 Stage-1 map = 100%,  reduce = 0%, Cumulative CPU 10.6 sec
2022-03-21 13:29:59,666 Stage-1 map = 100%,  reduce = 100%, Cumulative CPU 15.1 sec
MapReduce Total cumulative CPU time: 15 seconds 100 msec
Ended Job = job_1647828279886_0001
MapReduce Jobs Launched:
Stage-Stage-1: Map: 1  Reduce: 1   Cumulative CPU: 15.1 sec   HDFS Read: 15305 HDFS Write: 157 SUCCESS
Total MapReduce CPU Time Spent: 15 seconds 100 msec
OK
A       86.66666666666667
B       87.0
C       88.0
Time taken: 92.6 seconds, Fetched: 3 row(s)
```

图 6-24   group by 语句示例

5. having 语句

having 语句一般与 group by、聚合函数一起使用，用于对分组统计的结果进行过滤。例如，查询平均成绩大于或等于 87 的班级，命令的执行结果如图 6-25 所示。

```
hive> select classes,avg(score) avg_score from students group by classes having avg_score>=87;
Query ID = root_20220321140702_2b004eba-4971-4efe-accf-23e832d6546c
Total jobs = 1
Launching Job 1 out of 1
Number of reduce tasks not specified. Estimated from input data size: 1
In order to change the average load for a reducer (in bytes):
  set hive.exec.reducers.bytes.per.reducer=<number>
In order to limit the maximum number of reducers:
  set hive.exec.reducers.max=<number>
In order to set a constant number of reducers:
  set mapreduce.job.reduces=<number>
Starting Job = job_1647828279886_0002, Tracking URL =
http://hadoop1:8088/proxy/application_1647828279886_0002/
Kill Command = /user/soft/hadoop-3.3.0/bin/mapred job -kill job_1647828279886_0002
Hadoop job information for Stage-1: number of mappers: 1; number of reducers: 1
2022-03-21 14:07:18,035 Stage-1 map = 0%,  reduce = 0%
2022-03-21 14:07:26,479 Stage-1 map = 100%,  reduce = 0%, Cumulative CPU 3.64 sec
2022-03-21 14:07:38,042 Stage-1 map = 100%,  reduce = 100%, Cumulative CPU 8.81 sec
MapReduce Total cumulative CPU time: 8 seconds 810 msec
Ended Job = job_1647828279886_0002
MapReduce Jobs Launched:
Stage-Stage-1: Map: 1  Reduce: 1  Cumulative CPU: 8.81 sec  HDFS Read: 14085 HDFS Write: 125 SUCCESS
Total MapReduce CPU Time Spent: 8 seconds 810 msec
OK
B       87.0
C       88.0
Time taken: 37.242 seconds, Fetched: 2 row(s)
```

图 6-25 having 语句示例

6. order by 语句

order by 语句用于根据指定的字段对结果集进行排序，默认是按 asc 升序排序，也可用 desc 指示降序排序。例如，查询学生的姓名和成绩，并按成绩降序排列，命令的执行结果如图 6-26 所示。

7. limit 语句

可以使用 limit 限制返回记录的最大条数。例如，查询成绩前 3 名的学生信息，命令的执行结果如图 6-27 所示。

6.3.6 Hive 函数

Hive 提供了大量的运算符和内置函数供用户使用，为常规业务的计算提供了很大的便利。这些运算符和函数包括数值运算符、关系运算符、逻辑运算符、统计函数、字符串函数、条件函数、日期函数、聚集函数和处理 XML 和 JSON 的函数等。

Hive 还提供了对函数的帮助提示信息命令。例如，查看函数列表命令如下：

```
hive> show functions;
```

查看 sum() 函数的帮助信息，命令的执行结果如图 6-28 所示。

下面介绍一些常用函数的用法。

1. 统计函数

对数值型字段，可以用 max() 函数求最大值，用 min() 函数求最小值，用 sum() 函数求和，用 avg() 函数求平均值，还可以用 count() 函数统计记录的条数。使用上述函数，

```
hive> select name,score from students order by score desc;
Query ID = root_20220321170028_da26e78c-cfeb-409b-8021-33203607a161
Total jobs = 1
Launching Job 1 out of 1
Number of reduce tasks determined at compile time: 1
In order to change the average load for a reducer (in bytes):
  set hive.exec.reducers.bytes.per.reducer=<number>
In order to set a constant number of reducers:
  set mapreduce.job.reduces=<number>
Tracking URL = http://hadoop1:8088/proxy/application_1647828279886_0004/
Kill Command = /user/soft/hadoop-3.3.0/bin/mapred job -kill job_1647828279886_0004
Hadoop job information for Stage-1: number of mappers: 1; number of reducers: 1
2022-03-21 17:00:43,415 Stage-1 map = 0%, reduce = 0%
2022-03-21 17:00:51,950 Stage-1 map = 100%, reduce = 0%, Cumulative CPU 3.25 sec
2022-03-21 17:01:02,540 Stage-1 map = 100%, reduce = 100%, Cumulative CPU 8.35 sec
MapReduce Total cumulative CPU time: 8 seconds 350 msec
Ended Job = job_1647828279886_0004
MapReduce Jobs Launched:
Stage-Stage-1: Map: 1  Reduce: 1   Cumulative CPU: 8.35 sec   HDFS Read: 10461 HDFS Write: 311 SUCCESS
Total MapReduce CPU Time Spent: 8 seconds 350 msec
OK
Mark      97.0
Ulf       96.0
Alice     91.0
Jery      89.0
Rich      87.0
Jones     86.0
Tom       85.0
George    83.0
Barry     81.0
David     78.0
Time taken: 36.186 seconds, Fetched: 10 row(s)
```

图 6-26　order by 语句示例

```
hive> select * from students order by score desc limit 3;
Query ID = root_20220321174852_c380934f-539c-403d-8961-d249ab7c02d8
Total jobs = 1
Launching Job 1 out of 1
Number of reduce tasks determined at compile time: 1
In order to change the average load for a reducer (in bytes):
  set hive.exec.reducers.bytes.per.reducer=<number>
In order to set a constant number of reducers:
  set mapreduce.job.reduces=<number>
Starting Job = job_1647828279886_0006, Tracking URL =
http://hadoop1:8088/proxy/application_1647828279886_0006/
Kill Command = /user/soft/hadoop-3.3.0/bin/mapred job -kill job_1647828279886_0006
Hadoop job information for Stage-1: number of mappers: 1; number of reducers: 1
2022-03-21 17:49:06,692 Stage-1 map = 0%, reduce = 0%
2022-03-21 17:49:15,413 Stage-1 map = 100%, reduce = 0%, Cumulative CPU 3.19 sec
2022-03-21 17:49:23,817 Stage-1 map = 100%, reduce = 100%, Cumulative CPU 6.69 sec
MapReduce Total cumulative CPU time: 6 seconds 690 msec
Ended Job = job_1647828279886_0006
MapReduce Jobs Launched:
Stage-Stage-1: Map: 1  Reduce: 1   Cumulative CPU: 6.69 sec   HDFS Read: 11340 HDFS Write: 165 SUCCESS
Total MapReduce CPU Time Spent: 6 seconds 690 msec
OK
6       Mark      97.0    C
7       Ulf       96.0    C
9       Alice     91.0    B
Time taken: 33.786 seconds, Fetched: 3 row(s)
```

图 6-27　limit 语句示例

都会触发 MapReduce 操作。

例如，统计 students 表中记录的条数、最高分、最低分、平均分和总分，命令的执行结

```
hive> describe function sum;
OK
sum(x) - Returns the sum of a set of numbers
Time taken: 0.112 seconds, Fetched: 1 row(s)
```

图 6-28　查看 sum( ) 函数的帮助信息

果如图 6-29 所示。

```
hive> select count(*),max(score),min(score),avg(score),sum(score) from students;
Query ID = root_20220321202534_78224c87-6532-41ae-966b-84ab5a0d7b61
Total jobs = 1
Launching Job 1 out of 1
Number of reduce tasks determined at compile time: 1
In order to change the average load for a reducer (in bytes):
  set hive.exec.reducers.bytes.per.reducer=<number>
In order to limit the maximum number of reducers:
  set hive.exec.reducers.max=<number>
In order to set a constant number of reducers:
  set mapreduce.job.reduces=<number>
Starting Job = job_1647828279886_0009, Tracking URL = http://hadoop1:8088/proxy/app
lication_1647828279886_0009/
Kill Command = /user/soft/hadoop-3.3.0/bin/mapred job  -kill job_1647828279886_0009
Hadoop job information for Stage-1: number of mappers: 1; number of reducers: 1
2022-03-21 20:25:49,793 Stage-1 map = 0%,  reduce = 0%
2022-03-21 20:25:58,117 Stage-1 map = 100%,  reduce = 0%, Cumulative CPU 3.66 sec
2022-03-21 20:26:08,666 Stage-1 map = 100%,  reduce = 100%, Cumulative CPU 8.22 sec
MapReduce Total cumulative CPU time: 8 seconds 220 msec
Ended Job = job_1647828279886_0009
MapReduce Jobs Launched:
Stage-Stage-1: Map: 1  Reduce: 1   Cumulative CPU: 8.22 sec   HDFS Read: 17586 HDFS
 Write: 123 SUCCESS
Total MapReduce CPU Time Spent: 8 seconds 220 msec
OK
10      97.0    78.0    87.3    873.0
Time taken: 35.063 seconds, Fetched: 1 row(s)
```

图 6-29　统计函数示例

2. distinct( ) 函数

distinct( ) 函数用于去除重复值。例如，查询 students 表中存储了多少个班级的学生，命令的执行结果如图 6-30 所示。

```
hive> select count(distinct(classes)) from students;
Query ID = root_20220321204322_c4ec8987-6165-4deb-9367-bcc7925f4aad
Total jobs = 1
Launching Job 1 out of 1
Number of reduce tasks determined at compile time: 1
In order to change the average load for a reducer (in bytes):
  set hive.exec.reducers.bytes.per.reducer=<number>
In order to limit the maximum number of reducers:
  set hive.exec.reducers.max=<number>
In order to set a constant number of reducers:
  set mapreduce.job.reduces=<number>
Starting Job = job_1647828279886_0010, Tracking URL = http://hadoop1:8088/proxy/app
lication_1647828279886_0010/
Kill Command = /user/soft/hadoop-3.3.0/bin/mapred job  -kill job_1647828279886_0010
Hadoop job information for Stage-1: number of mappers: 1; number of reducers: 1
2022-03-21 20:43:36,822 Stage-1 map = 0%,  reduce = 0%
2022-03-21 20:43:46,552 Stage-1 map = 100%,  reduce = 0%, Cumulative CPU 4.2 sec
2022-03-21 20:43:55,982 Stage-1 map = 100%,  reduce = 100%, Cumulative CPU 7.81 sec
MapReduce Total cumulative CPU time: 7 seconds 810 msec
Ended Job = job_1647828279886_0010
MapReduce Jobs Launched:
Stage-Stage-1: Map: 1  Reduce: 1   Cumulative CPU: 7.81 sec   HDFS Read: 8965 HDFS
Write: 101 SUCCESS
Total MapReduce CPU Time Spent: 7 seconds 810 msec
OK
3
Time taken: 35.431 seconds, Fetched: 1 row(s)
```

图 6-30　distinct( ) 函数示例

6.4 Hive 编程实例

本节介绍两个例子程序：雇员表统计和词频统计，以便帮助读者进一步掌握 Hive 的编程方法。

6.4.1 雇员表统计

开发人员可以很方便地利用 HiveQL 查询、汇总和分析数据。Hive 十分适合数据仓库的统计分析。下面以雇员表统计为例，介绍 Hive 的统计分析功能。

【例6-1】 假设在本地文件系统/user/data 目录下，有一个名为 employees. txt 的文本文件。文件内容如下：

```
1,Rich,5835.0,1
2,Barry,7236.0,3
3,Ani,6125.0,5
4,George,8313.0,2
5,Ulf,7412.0,3
6,Tom,8313.0,6
7,Jiao,5646.0,2
8,Hni,6318.0,6
```

其中，第 1 列为员工编号，第 2 列为姓名，第 3 列为月薪，第 4 列为部门编号。根据上述数据，通过 Hive 编程完成以下操作：

（1）创建数据库 emp。

```
hive> create database emp;
hive> use emp;
```

（2）创建 employees 表。

```
hive> create table employees(
    id int,
    name string,
    salary double,
    depts string)
    row format delimited fields terminated by ',';
```

（3）导入数据 employees. txt 到 employees 表。

```
hive> load data local inpath '/user/data/employees.txt' overwrite
into table employees;
```

（4）查询 employees 表中所有雇员的员工编号、姓名、年薪。

```
hive> select id,name,salary*12 from employees;
```

（5）查看 employees 表中工资在 5000～7000 之间的记录。

```
hive> select * from employees where salary > =5000 and salary <7000;
```

（6）查询 employees 表部门编号不为 3 的员工编号、姓名、部门编号，并按员工编号降序排列。

```
hive> select id,name,depts from employees where depts < >3 order
by id desc;
```

（7）将所有员工先按部门编号升序，当部门一样时，再按姓名降序排列。

```
hive> select * from employees order by depts asc,name desc;
```

（8）查询 employees 表每个部门的编号和平均工资。

```
hive> select depts,avg(salary)from employees group by depts;
```

（9）统计 employees 表中有多少个不重复部门。

```
hive> select count(distinct depts)from employees;
```

（10）查询 employees 表薪水大于 6000 的员工姓名及所在部门编号。

```
hive> select name,depts from employees where salary >6000;
```

（11）在 employees 表中，查询工资最高的员工姓名和薪水。

```
hive> select name,salary from employees a,(select max(salary)max_sal
from employees)b where a.salary =b.max_sal;
```

（12）在 employees 表中，查询工资高于平均工资的员工姓名和薪水。

```
hive> select name,salary from employees a,(select avg(salary)avg_sal
from employees)b where a.salary >b.avg_sal;
```

（13）查询 employees 表平均年薪小于 75000 的部门编号和平均年薪。

```
hive> select depts,12 * avg(salary)from employees group by depts
having avg(salary) *12 <75000;
```

6.4.2 词频统计

Hadoop 自带了一个 MapReduce 入门示例程序 WordCount，通常称为词频统计程序。WordCount 程序在第 4 章已经详细介绍，它由六十多行代码组成，比较复杂，而下面的例子程序用 Hive 实现 WordCount 程序同样的功能，只用了几行代码，非常简单。

【例 6-2】 假设在 HDFS 的/test2 目录下有多个文本文件，每个文件存储多个英文单词，单词之间用空格分隔。使用 Hive 统计每个单词出现的次数。

```
hive> create table wordline(line string);
hive> load data inpath '/test2' overwrite into table wordline;
hive> create table wordcount as
```

```
select word,count(1) as count from
(select explode(split(line,' ')) as word from  wordline)w
group by word
order by word;
```

执行完成后，可用 select 语句查看运行结果，如图 6-31 所示。由于本例与第 4 章的 WordCount 统计同样的文件，所以程序运行的结果一样。

```
hive> select * from wordcount;
OK
Hadoop    2
Hbase     1
Hello     5
Hive      1
MapReduce       2
World     1
Time taken: 0.22 seconds, Fetched: 6 row(s)
```

图 6-31　用 select 语句查看运行结果

6.5　本章小结

Hive 是基于 Hadoop 的一个开源数据仓库工具，可用来进行数据提取、转化和加载。Hive 数据仓库工具能将结构化的数据文件映射为一张数据库表，并提供 HiveQL 对数据进行查询和分析处理。Hive 在某种程度上可以看作用户编程接口，本身不存储和处理数据，依赖 HDFS 存储数据，依赖 MapReduce（或者 Spark、Tez）处理数据。

习　　题

6-1　简述 Hive 与关系型数据库的区别。

6-2　简述 Hive 的几个主要组成模块。

实验　Hive 的编程实践

1. 实验目的

（1）理解 Hive 与关系型数据库的区别。

（2）理解 Hive 系统架构。

（3）熟练掌握 Hive 伪分布式安装方法和编程。

2. 实验环境

操作系统：CentOS 7（虚拟机）。

Hadoop 版本：3.3.0。

JDK 版本：1.8。

Hive 版本：3.1.2。

3. 实验内容和要求

students_data.txt 存储了学生信息，其中第 1 列表示学号，第 2 列表示姓名，第 3 列表示性别，第 4 列表示年龄，第 5 列表示课程编号，第 6 列表示分数，第 7 列表示班级。存储的数据如下所示：

53635,Jones,F,20,4,82,classB

55457,Mary,F,22,2,95,classA

12635,Henry,M,18,3,76,classC

15656,Shary,M,19,5,83,classA

21432,Sara,F,21,2,53,classC

51423,Jiao,M,19,3,90,classA

27686,Heary,M,21,3,81,classB

96885,Jeliy,M,23,4,85,classB

31256,Alise,F,20,1,87,classA

31226,Tom,F,21,5,95,classB

55156,David,M,22,2,90,classA

32345,Alice,M,23,1,94,classA

76865,Bob,F,19,3,71,classC

63526,George,F,19,5,66,classC

course. txt 存储了课程信息，其中第 1 列表示课程编号，第 2 列表示课程名称。存储的
数据如下所示：

1,Chinese

2,Math

3,English

4,Biology

5,Physics

6,Chemistry

根据以上的实验数据，使用 Hive 编程完成以下操作：

（1）创建数据库 stu。

（2）创建 students 表。

（3）导入数据 students_data. txt 到 students 表。

（4）创建 course 表。

（5）导入数据 course. txt 到 course 表。

（6）统计学生的平均年龄。

（7）统计男、女学生数量。

（8）查询每个班的平均分数。

（9）查询 students 表中所有学生的姓名和分数。

（10）查询 students 表中成绩在 80 ~ 90 之间的记录。

（11）查询 students 表中成绩在 60 以下的记录的姓名、课程编号和分数。

（12）将 students 表中的所有记录先按分数降序，当分数一样时，再按姓名升序排列。

（13）统计 students 表中有多少门不同的课程。

（14）查询 Mary 所选修课程的课程编号和分数。

（15）在所有学生中，查询课程编号为 3，分数最高的学生。输出该学生的姓名、分数、
课程名称、所在班级。

▶ 第 7 章

内存计算框架 Spark

Spark 是专为大规模数据处理而设计的快速通用的计算引擎，可用于构建大型的、低延迟的数据分析应用程序。Spark 提供了基于有向无环图的任务调度机制和内存计算，减少了迭代计算时的 I/O 开销，程序运行非常快。因此 Spark 能更好地适用于数据挖掘与机器学习中需要迭代的算法。

本章首先介绍 Spark 和 Scala 基础知识，然后阐述 Spark 安装和 RDD 编程，最后介绍 IDEA 的安装和编写独立应用程序的方法。

7.1 Spark 基础知识

本节首先简单地介绍内存计算框架 Spark，然后介绍 Spark 生态系统，最后阐述 Spark 运行架构。

7.1.1 Spark 简介

Spark 是由加利福尼亚大学伯克利分校的 AMP 实验室（UC Berkeley AMP lab）于 2009 年开发，可用于构建大型的、低延迟的数据分析应用程序，是基于内存计算的大数据并行计算框架。Spark 拥有 Hadoop MapReduce 所具有的优点，但不同于 MapReduce 的是：Job 中间输出结果可以保存在内存中，从而不再需要读/写 HDFS，因此 Spark 能更好地适用于数据挖掘与机器学习等需要迭代的 MapReduce 的算法。

Spark 具有如下几个主要特点：

1. 运行速度快

与 MapReduce 相比，Spark 可以支持包括 Map 和 Reduce 在内的更多操作，这些操作相互连接形成一个有向无环图（Directed Acyclic Graph，DAG），各个操作的中间结果被保存在内存中，因此 Spark 的处理速度比 MapReduce 快得多。

2. 容易使用

Spark 可以使用 Scala、Java、Python、R 语言和 SOL 进行编程，还可以通过 Spark Shell 进行交互式编程。

3. 通用性

Spark 提供了完整而强大的技术栈，包括 SQL 查询、流式计算、机器学习和图算法等组件，开发者可以在同一个应用程序中无缝组合地使用这些组件。

4. 运行模式多样

Spark 支持本地运行模式和分布式运行模式。Spark 集群的底层资源可以借助于外部的框架进行管理，例如，Spark 可以使用 Hadoop 的 YARN 和 Appache Mesos 作为资源管理和调度器，并且可以访问 HDFS、Cassandra、HBase、Hive 等多种数据源。

7.1.2　Spark 生态系统

Spark 的设计遵循"一个软件栈满足不同应用场景"的理念，逐渐形成了一套完整的生态系统。Spark 生态系统如图 7-1 所示。Spark 可以部署在资源管理器 Hadoop YARN 之上，提供一站式的大数据解决方案，也可以部署在 Mesos 之上。Spark 可访问 HDFS、HBase 或 S3。Spark 生态系统主要包括 Spark 的核心组件 Spark Core、使用 SQL 进行结构化数据处理的 Spark SQL、用于实时流处理的 Spark Streaming、用于机器学习的 MLlib 以及用于图处理的 GraphX。

访问和接口	Spark Streaming	BlinkDB	GraphX	MLBase
		Spark SQL		MLlib
处理引擎	Spark Core			
存储	HDFS、HBase、S3			
资源管理调度	Mesos	Hadoop YARN		

图 7-1　Spark 生态系统

7.1.3　Spark 运行架构

Spark 运行架构如图 7-2 所示。下面介绍运行架构的组件。

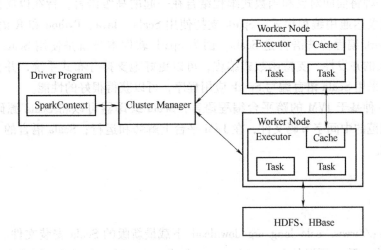

图 7-2　Spark 运行架构

1. Driver Program

Driver Program 是 Application 的任务控制节点，运行 Application 的 main() 函数创建 SparkContext 对象。Application 指用户编写的 Spark 应用程序。

2. SparkContext

SparkContext 负责和 Cluster Manager 通信，以及进行资源的申请、任务的分配和监控等。SparkContext 可以看成是应用程序连接集群的通道。

3. Cluster Manager

Cluster Manager 是集群资源管理器，可以使用 Mesos、YARN 或 Spark 自带资源管理器。

4. Worker Node

Worker Node 是运行任务的工作节点。

5. Executor

Executor 是运行在 Worker Node 的一个进程，负责运行 Task。

6. Task

Task 是运行在 Executor 上的工作单元。

当执行一个 Application 时，首先为 Application 构建起基本的运行环境，即由 Driver 创建一个 SparkContext，SparkContext 会向 Cluster Manager 申请资源，启动 Executor，并向 Executor 发送应用程序代码和文件，然后在 Executor 上执行 Task，运行结束后，执行结果会返回给 Driver，或者写到 HDFS 或者其他数据库中。

7.2 Scala 基础知识

由于 Spark 是由 Scala 语言编写的，Scala 语言是 Spark 编程的首选语言，为了后续更好地学习 Spark，需要首先学习 Scala 语言。

7.2.1 Scala 简介

Scala 是一种将面向对象和函数式编程结合在一起的高级语言，旨在以简洁、优雅和类型安全的方式表达通用编程模式。Spark 支持使用 Scala、Java、Python 和 R 语言进行编程，使用方便。Spark 编程首选语言是 Scala，因为 Spark 软件本身就是使用 Scala 语言开发的，Scala 具有强大的并发性，支持函数式编程，可以更好地支持分布式系统，并且支持高效的交互式编程。采用 Scala 语言编写 Spark 应用程序，可以获得很好的性能。

Scala 是一种基于 JVM 的跨平台编程语言，Scala 编译器可以将 Scala 源码编译成符合 JVM 虚拟机规范的中间字节码文件，在 JVM 平台上解释和运行；Scala 语言的 API 可无缝兼容 Java 的 API。

7.2.2 Scala 安装

1. 下载 Scala 安装文件

可从 https://www.scala-lang.org/download/下载最新版的 Scala 安装文件。为了与 Spark 中的 Scala 版本一致，可以从 https://www.scala-lang.org/download/2.12.15.html 下载 scala-2.12.15.tgz，如图 7-3 所示。

2. 解压 Scala 安装文件

假设 Scala 安装在/user/soft 目录下，应将 scala-2.12.15.tgz 复制到/user/soft 目录下。执行命令 cd /user/soft，进入/user/soft 目录，执行解压命令 tar -zxvf scala-2.12.15.tgz，如图 7-4

所示。生成 Scala 主安装目录 scala-2.12.15。

Other resources

You can find the installer download links for other operating systems, as well as documentation and source code archives for Scala 2.12.15 below.

Archive	System	Size
scala-2.12.15.tgz	Mac OS X, Unix, Cygwin	20.11M
scala-2.12.15.msi	Windows (msi installer)	125.48M
scala-2.12.15.zip	Windows	20.15M
scala-2.12.15.deb	Debian	146.51M
scala-2.12.15.rpm	RPM package	125.73M
scala-docs-2.12.15.txz	API docs	53.58M
scala-docs-2.12.15.zip	API docs	108.54M
scala-sources-2.12.15.tar.gz	Sources	6.6M

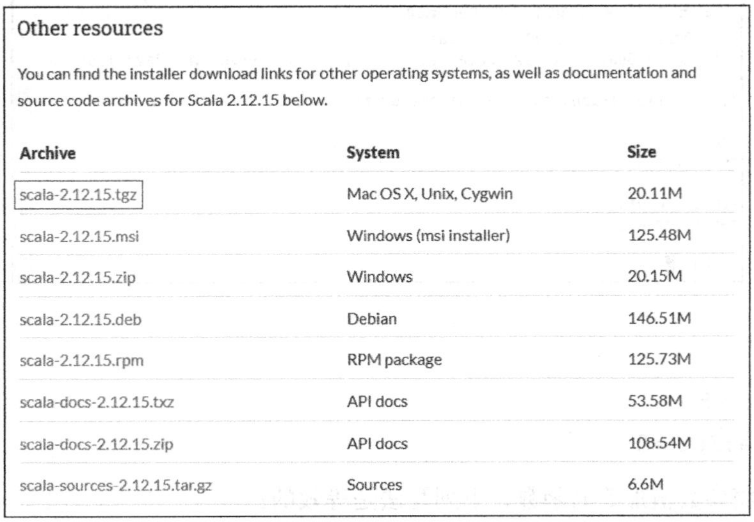

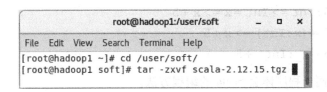

图 7-3　下载 scala-2.12.15.tgz

root@hadoop1:/user/soft
File Edit View Search Terminal Help
[root@hadoop1 ~]# cd /user/soft/
[root@hadoop1 soft]# tar -zxvf scala-2.12.15.tgz

图 7-4　解压 Scala 安装文件

3. 配置环境变量

执行命令 gedit /etc/profile，打开 profile 文件，增加如下代码：

```
export SCALA_HOME=/user/soft/scala-2.12.15
export PATH=$SCALA_HOME/bin:$PATH
```

执行命令 source /etc/profile，使配置文件生效。

4. 启动和验证 Scala

执行命令 scala，出现提示符：scala>，说明启动成功；输入一些语句，如果能得出正确结果，则验证安装成功，如图 7-5 所示。

7.2.3 Scala 编程

Scala 语法规则较多，下面简单地介绍 Scala 相对于 Java 比较特别的地方。

Scala 中使用关键字 val 和 var 声明变量。val 类似 Java 中的 final 变量，也就是常量，一旦初始化将不能修改；var 类似 Java 中的非 final 变量，可以被多次赋值，多次修改。

Scala 语言使用灵活，支持自动类型推测，非常简洁高效。比如定义一个初值为 5 的整型常量，下面两种写法是等效的：

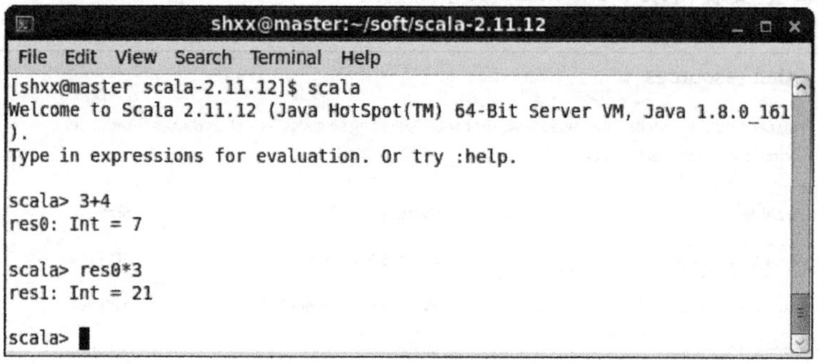

图 7-5　启动和验证 Scala

```
val a = 5
val a:Int = 5
```

又如编写将参数值加 5 的函数，下列写法是等效的：

```
val add5:(Int) => Int = { x => x + 5 }
val add5:(Int) => Int = x => x + 5
val add5:Int => Int = x => x + 5
val add5 = (x:Int) => x + 5
val add5 = (_:Int) + 5
```

下面通过两个例子程序体会 Scala 的编程方法。

【例 7-1】　从控制台读入数据：使用 readInt、readDouble、readLine 输入整数、实数、字符串，使用 print、println 输出已读入的数据。

```
scala> import io.StdIn._
scala> var x = readInt()
scala> var y = readDouble()
scala> var str = readLine("please input your name:")
scala> print(x)
scala> println(y)
scala> println(str)
```

【例 7-2】　创建一个列表 list1，包含 10 个元素，这 10 个元素是乱序的，然后这些元素进行以下操作并生成新的列表，list1 保持不变：遍历、排序、反转、求和（多种方法，包括用循环结构），对所有元素乘 2，对所有元素加 1，过滤出只包含偶数的列表，拆分成大小为 3 的子列表。

```
//创建一个列表 list1
scala> val list1 = List(3,9,2,5,7,6,1,8,0,4)
//遍历
scala> list1.foreach(println)
```

```
//排序
scala> val list2 = list1.sorted
//反转
scala> val list3 = list1.reverse
//求和
scala> val list4 = list1.sum
//求和
scala> val list5 = list1.reduce(_ + _)
//用循环结构求和
scala> var h = 0
for(i <- 0 to list1.length-1)h = h + list1(i)
scala> println("h = " + h)
//每个元素乘以 2
scala> val list5 = list1.map(_ * 2)
//每个元素加 1
scala> val list6 = list1.map(_ + 1)
//过滤出只包含偶数的列表
scala> val list7 = list1.filter(x => x%2 == 0)
//拆分成大小为 3 的子列表
scala> val ged = list1.grouped(3)
scala> ged.next
scala> ged.next
scala> ged.next
scala> ged.next
```

7.3 Spark 伪分布式安装

本节首先介绍 Spark 的安装模式，然后阐述采用 Hadoop YARN 模式的 Spark 伪分布式安装步骤。

7.3.1 Spark 的安装模式

Spark 的安装模式分为两大类：一类是本地模式；另一类是集群模式，集群模式又包括 standalone、Spark on Mesos、Spark on YARN 和 Spark on Kubernetes 模式。下面对集群模式进行简单的介绍。

1. standalone 模式

该模式下系统采用 Spark 框架自带的资源调度管理服务，可以独立部署到一个集群中，不依赖第三方为其提供资源调度管理服务。

2. Spark on Mesos 模式

Mesos 是 Apache 下的开源分布式资源管理框架，可以为运行在它上面的 Spark 提供服务。在 Spark on Mesos 模式中，Spark 程序所需要的各种资源，都由 Mesos 负责调度。

3. Spark on YARN 模式

YARN 是一个通用资源管理系统，可为上层应用提供统一的资源管理和调度。Spark 可运行于 YARN 之上，与 Hadoop 进行统一部署。

4. Spark on Kubernetes 模式

Kubernetes 是 Google 开源的一个容器编排引擎，它支持自动化部署、大规模可伸缩、应用容器化管理。Spark 从 2.3.0 版本引入了对 Kubernetes 的原生支持，可以将编写好的数据处理程序直接通过 spark-submit 提交到 Kubernetes 集群。

7.3.2 Spark 的安装

下面采用 Hadoop YARN 模式安装 Spark。

1. 下载 Spark 安装文件

可从 http://spark.apache.org/downloads.html 下载最新版的 Spark 安装文件。图 7-6 是下载 Spark 安装文件的首页，单击 spark-3.2.1-bin-hadoop3.2.tgz，跳转到 spark-3.2.1-bin-hadoop3.2.tgz 下载页面，单击相应的超链接即可下载。

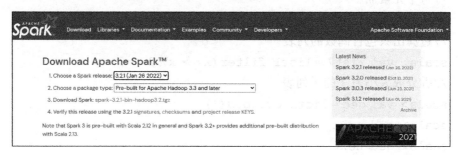

图 7-6　访问 Spark 下载网站

2. 解压 Spark 安装文件

将 spark-3.2.1-bin-hadoop3.2.tgz 复制到/user/soft 目录下，执行命令 cd /user/soft，进入/user/soft/目录，再执行解压命令 tar-zxvf spark-3.2.1-bin-hadoop3.2.tgz，如图 7-7 所示。生成 Spark 主安装目录 spark-3.2.1-bin-hadoop3.2。

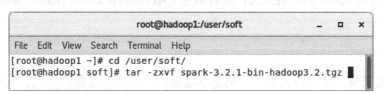

图 7-7　解压 Spark 安装文件

3. 配置环境变量

执行命令 gedit /etc/profile，打开 profile 文件，增加如下代码：

```
export SPARK_HOME =/user/soft/spark-3.2.1-bin-hadoop3.2
export PATH = $SPARK_HOME/bin:$SPARK_HOME/sbin:$PATH
```

执行命令 source /etc/profile，使配置文件生效。

4. 配置相关文件

执行命令 cd /user/soft/spark-3.2.1-bin-hadoop3.2/conf，进入配置目录。

执行命令 cp spark-env.sh.template spark-env.sh，从配置文件模板复制 spark-env.sh 文件。

执行命令 gedit spark-env.sh，打开 spark-env.sh 文件，添加如下代码：

```
export SPARK_MASTER_IP =192.168.0.130
export JAVA_HOME = /user/soft/jdk1.8.0_161
export HADOOP_CONF_DIR = /user/soft/hadoop-3.3.0/etc/hadoop
export YARN_CONF_DIR = /user/soft/hadoop-3.3.0/etc/hadoop
```

编辑结果如图 7-8 所示。

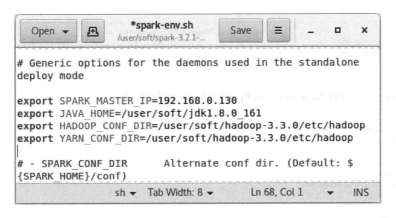

图 7-8　配置 spark-env.sh

5. 修改文件名

为了不与/user/soft/hadoop-3.3.0/sbin 下的文件同名，可将/user/soft/spark-3.2.1-bin-hadoop3.2/sbin 下的 start-all.sh 改名为 start-spark.sh，stop-all.sh 改名为 stop-spark.sh。

6. 启动并验证 Spark

首先输入 start-all.sh 启动 Hadoop，然后输入 start-spark.sh 启动 Spark。启动后，通过 jps 查看虚拟机上的 Java 进程，如图 7-9 所示。从图可以看出，比启动 Hadoop 多了 Master 和 Worker 两个进程，这两个进程是 Spark 的工作进程。有了这两个进程说明 Spark 启动成功。如果要退出 Spark，执行 stop-spark.sh 即可。

还可以通过 Spark 提供的 Web 接口查看 Spark 的工作状态。打开虚拟机上的浏览器，在地址栏输入 http://192.168.0.130：8080，即可看到如图 7-10 所示的监控画面。

在 Spark 集群上运行 Spark 自带实例 SparkPi，是验证 Spark 是否安装成功的另一种方法。执行命令 cd /user/soft/spark-3.2.1-bin-hadoop3.2/examples/jars，进入 spark-examples_2.12-3.2.1.jar 文件所在的目录，执行命令 spark-submit --class org.apache.spark.examples.SparkPi --master yarn --deploy-mode cluster spark-examples_2.12-3.2.1.jar，将 SparkPi 提交到 Spark 集群上运行，如图 7-11 所示。

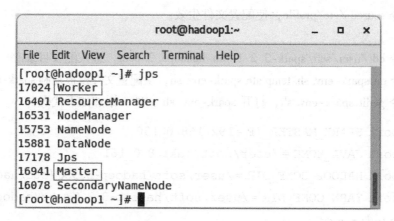

图 7-9　查看虚拟机进程

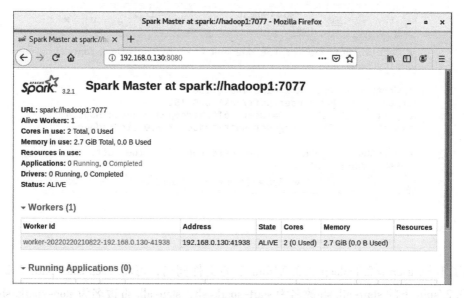

图 7-10　基于 Web 的 Spark 监控画面

root@hadoop1:/user/soft/spark-3.2.1-bin-hadoop3.2/examples/jars

```
[root@hadoop1 /]# cd /user/soft/spark-3.2.1-bin-hadoop3.2/examples/jars
[root@hadoop1 jars]# ls
fairscheduler-statedump.log   spark-examples_2.12-3.2.1.jar
scopt_2.12-3.7.1.jar
[root@hadoop1 jars]# spark-submit --class org.apache.spark.examples.Spa
rkPi --master yarn --deploy-mode cluster spark-examples_2.12-3.2.1.jar
```

图 7-11　将 SparkPi 提交到 Spark 集群上运行

spark-submit 是/user/soft/spark-3.2.1-bin-hadoop3.2/bin 下的一个文件，可以用于提交任务到 Spark 集群执行。spark-submit 各参数用法如下：--class 用于指定应用程序的主类；--master 用于指定提交任务到哪里执行，如 yarn、local 等；--deploy-mode 用于指定任务的提交方式，如 client（本地客户端模式）、cluster（集群工作节点模式）。

对于大多数 Spark 版本，只要按照上述方法配置都会成功。当在 hadoop‐3.3.0 的基础上安装 spark‐3.2.1‐bin‐hadoop3.2 时，通过 jps 查看虚拟机上的 Java 进程没问题。但以 ‐‐master yarn ‐‐deploy‐mode cluster 为参数，用 spark‐submit 提交任务到 Spark 集群执行过程中出现了异常，提示错误为"/bin/bash：/bin/java：No such file or directory"，可以通过执行命令：ln ‐s /user/soft/jdk1.8.0_161/bin/java/bin/java 解决。

按 <Enter> 键后程序开始执行，终端不断地滚动显示信息。执行完毕后，查看系统给出的最后状态信息，如图 7‐12 所示。如果显示"final status：SUCCEEDED"，表示执行成功；如果显示的状态信息为"final status：FAILED"，则表示执行失败，需要排查错误。

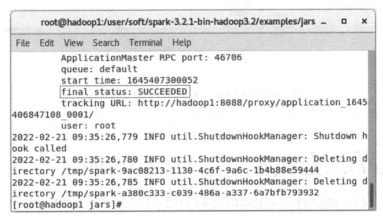

图 7‐12　SparkPi 程序执行成功后的显示

如果执行成功，在 tracking URL 上（图 7‐12 中的"http：//hadoop1：8088/proxy/application_1645406847108_0001/"）单击鼠标右键，选择 open link 即可打开所需的页面，如图 7‐13 所示。

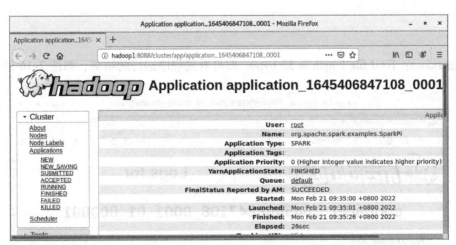

图 7‐13　打开链接后的页面

在图 7‐13 中，将页面往下滚动，可在下方看到 http：//hadoop1：8042 和 Logs，如图 7‐14 所示。

单击右边的 logs，打开如图 7‐15 所示的页面。

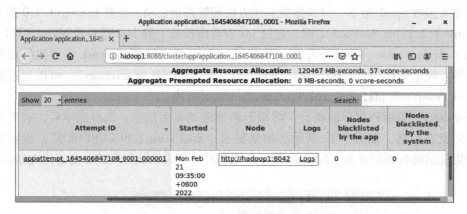

图 7-14　日志文件的位置

图 7-15　打开日志文件列表

单击 stdout：Total file length is 33 bytes. 即可看到程序运行的结果，如图 7-16 所示。

图 7-16　程序运行的结果

可以看出，程序运行的结果是"Pi is roughly 3.1434757173785868"。需要说明的是，SparkPi 计算是建立在随机数的基础上，每次运行结果可能都不一样。

完成上述验证，表示 Spark 安装成功。

7.4   RDD 编程基础

弹性分布式数据集（Resilient Distributed Dataset，RDD）是分布式内存的一个抽象概念，它提供了一种高度受限的共享内存模型，即 RDD 是只读的记录分区的集合。RDD 是 Spark 的核心概念。本节在使用 Spark Shell 讲解 RDD 的创建方法和常用操作的基础上，给出 RDD 编程的应用实例。

7.4.1   Spark Shell 的启动和退出

在确保 Hadoop 已经启动的基础上，执行命令：spark-shell，启动 Spark Shell。成功启动后的界面如图 7-17 所示。

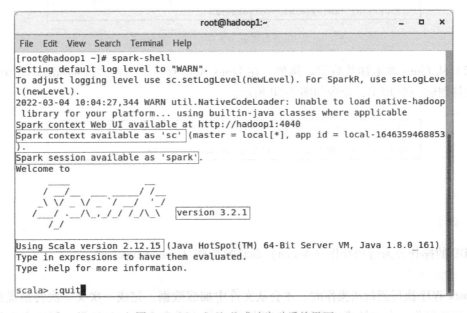

图 7-17   Spark Shell 成功启动后的界面

从图中可以看到 Spark Shell 启动过程中已经创建 Spark context 对象 sc 和 Spark session 对象 spark。其中，sc 主要用于 RDD 编程，spark 主要用于 Spark SQL 编程。从图中还可以看到 Spark 的版本为 3.2.1，所使用的 Scala 版本为 2.12.15。在 scala> 提示符后面输入:quit，按 <Enter> 键后即可退出 Spark Shell。

7.4.2   RDD 创建

1. 从对象集合创建 RDD

Spark 可以调用 SparkContext 的 parallelize()，以一个已经存在的集合（列表）为数据源，创建 RDD。例如，通过一个 List 列表创建 RDD，命令如图 7-18 所示。

```
scala> val list1=List(1,2,3,4,5,6)
list1: List[Int] = List(1, 2, 3, 4, 5, 6)

scala> val rdd1=sc.parallelize(list1)
rdd1: org.apache.spark.rdd.RDD[Int] = ParallelCollectionRDD[5] at
 parallelize at <console>:24
```

图 7-18 parallelize 创建 RDD

2. 从外部存储创建 RDD

Spark 的 textFile() 方法可以从文件系统中加载数据创建 RDD。下面演示从 HDFS 和 Linux 本地加载数据创建 RDD。

（1）从 HDFS 中加载数据。例如，在 HDFS 上有一个文件"/test2/f1.txt"，读取该文件创建一个 RDD，命令如图 7-19 所示。

```
scala> val rdd2=sc.textFile("/test2/f1.txt")
rdd2: org.apache.spark.rdd.RDD[String] = /test2/f1.txt MapPartiti
onsRDD[2] at textFile at <console>:23
```

图 7-19 从 HDFS 中加载数据

（2）从 Linux 本地加载数据。例如，在 Linux 本地有一个文件"/user/data/f2.txt"，读取该文件创建一个 RDD，命令如图 7-20 所示。

```
scala> val rdd3=sc.textFile("file:///user/data/f2.txt")
rdd3: org.apache.spark.rdd.RDD[String] = file:///user/data/f2.txt
 MapPartitionsRDD[4] at textFile at <console>:23
```

图 7-20 从 Linux 本地加载数据

7.4.3 常用的 RDD 操作

RDD 的操作分为行动操作（Action）和转换操作（Transformation）。

1. 行动操作

Spark 程序执行到行动操作时，才会从文件中加载数据，完成一次又一次转换操作，最后完成行动操作。由于转换操作需要行动操作才能查看命令执行的结果，所以先介绍行动操作。

（1）count() 返回 RDD 中的元素个数。

（2）collect() 以数组的形式返回数据集中的所有元素。

（3）first() 返回数据集中的第一个元素。

（4）take(n) 返回一个数组，数组元素由数据集的前 n 个元素组成。

（5）reduce(func) 通过函数 func 聚合数据集中的元素。

（6）foreach(func) 对 RDD 中的每一个元素运行给定的函数 func。

例如，统计 rdd1 中的元素个数，以数组的形式返回 rdd1 的所有元素，取 rdd1 的第 1 个元素，取 rdd1 的前 3 个元素，求 rdd1 中所有元素之和，输出 rdd1 的所有元素，代码及执行结果如图 7-21 所示。RDD 的操作如果没有参数，后面的括号是可以省略的。

```scala
scala> rdd1.count
res2: Long = 6

scala> rdd1.collect()
res3: Array[Int] = Array(1, 2, 3, 4, 5, 6)

scala> rdd1.first()
res4: Int = 1

scala> rdd1.take(3)
res5: Array[Int] = Array(1, 2, 3)

scala> val rdd4=rdd1.reduce(_+_)
rdd4: Int = 21

scala> rdd1.foreach(println)
1
2
3
4
5
```

图 7-21　RDD 的行动操作

2. 转换操作

对于 RDD 而言，每一次转换操作都会产生新的 RDD，供给下一个"转换"使用。转换操作是惰性操作，整个转换过程只是记录了转换的轨迹，并不会发生真正的计算，只有遇到行动操作时，才会触发"从头到尾"的真正的计算。下面介绍常用的转换操作。

（1）filter（func）。参数 func 是一个用于过滤的函数，该函数的返回值为 Boolean 类型，返回值为 true 的元素被保留，返回值为 false 的元素被过滤掉，从而筛选出满足函数 func 的元素，生成新的 RDD。例如，过滤出 rdd1 中大于 3 的元素，并输出结果，可用两种方法实现，代码及执行结果如图 7-22 所示。

```scala
scala> val rdd5=rdd1.filter(x=>x>3)
rdd5: org.apache.spark.rdd.RDD[Int] = MapPartitionsRDD[7] at filt
er at <console>:23

scala> rdd5.collect()
res7: Array[Int] = Array(4, 5, 6)

scala> val rdd5=rdd1.filter(_>3)
rdd5: org.apache.spark.rdd.RDD[Int] = MapPartitionsRDD[8] at filt
er at <console>:23

scala> rdd5.collect()
res8: Array[Int] = Array(4, 5, 6)
```

图 7-22　过滤出 rdd1 中大于 3 的元素

（2）map（func）。map（func）操作是将 RDD 中的每一个元素传递到函数 func 中，并将结果返回为一个新的 RDD。例如，将 rdd1 中每一个元素加 5，并输出结果，代码及执行结果如图 7-23 所示。

（3）flatMap（func）。flatMap（func）操作是将 RDD 中的每一个元素传递到函数 func 中，

```
scala> val rdd6=rdd1.map(x=>x+5)
rdd6: org.apache.spark.rdd.RDD[Int] = MapPartitionsRDD[1] at map
 at <console>:23

scala> rdd6.collect()
res2: Array[Int] = Array(6, 7, 8, 9, 10, 11)
```

图 7-23　将 rdd1 中每一个元素加 5

将返回的迭代器（数组、列表）中的所有元素构成新的 RDD。例如，用 map（func）和
flatMap（func）分割字符串，代码及执行结果如图 7-24 所示。

```
scala> val rdd7=sc.parallelize(List("How are you","Spark is good"))

rdd7: org.apache.spark.rdd.RDD[String] = ParallelCollectionRDD[2] a
t parallelize at <console>:23

scala> rdd7.collect()
res3: Array[String] = Array(How are you, Spark is good)

scala> val rddmap=rdd7.map(x=>x.split(" "))
rddmap: org.apache.spark.rdd.RDD[Array[String]] = MapPartitionsRDD[
3] at map at <console>:23

scala> rddmap.collect()
res4: Array[Array[String]] = Array(Array(How, are, you), Array(Spar
k, is, good))

scala> val rddflatMap=rdd7.flatMap(x=>x.split(" "))
rddflatMap: org.apache.spark.rdd.RDD[String] = MapPartitionsRDD[4]
at flatMap at <console>:23

scala> rddflatMap.collect()
res5: Array[String] = Array(How, are, you, Spark, is, good)
```

图 7-24　用 map（func）和 flatMap（func）分割字符串

从图 7-24 可以看出，用 map（func）分割字符串生成的 rddmap 由两个元素组成，每个元
素是一个数组，而用 flatMap（func）分割字符串生成的 rddflatMap 由六个元素组成，每个单词
都是一个元素。

（4）groupByKey（）。groupByKey（）应用于（key，value）键/值对的 RDD，可以将相同
key 的元素聚集到一起，返回一个新的（key，Iterable）形式的 RDD。例如，有两位员工
zhangsan 和 lisi，zhangsan 的工资和奖金分别为 5000 元、1500 元，lisi 的工资和奖金分别为
6000 元、2000 元。统计 zhangsan 和 lisi 的总收入，代码及执行结果如图 7-25 所示。

（5）reduceByKey（func）。reduceByKey（func）应用于（key，value）键/值对的 RDD 时，返
回一个新的（key，value）形式的 RDD，其中的每个值是将每个 key 传递到函数 func 中进行聚
合后得到的结果。

用 reduceByKey（func）重做上例，代码及执行结果如图 7-26 所示。

分析上述代码可以看出，groupByKey（）相当于 reduceByKey（func）操作的一部分。首先
使用 groupByKey（）对 RDD 中的数据进行分组，然后使用 map（func）对分组后的数据进行操
作，可以完成 reduceByKey（func）的功能。

（6）sortBy（）。sortBy（）将 RDD 中的元素按照某一字段进行排序，其中第一个参数为
排序字段，第二个参数是一个布尔值，指定升序（默认）或降序。若第二个参数是 false，

```
scala> val list1=List(("zhangsan",5000),("zhangsan",1500),("lisi",6000),("li
si",2000))
list1: List[(String, Int)] = List((zhangsan,5000), (zhangsan,1500), (lisi,60
00), (lisi,2000))

scala> val rddyg=sc.parallelize(list1)
rddyg: org.apache.spark.rdd.RDD[(String, Int)] = ParallelCollectionRDD[0] at
 parallelize at <console>:24

scala> val rddfz=rddyg.groupByKey()
rddfz: org.apache.spark.rdd.RDD[(String, Iterable[Int])] = ShuffledRDD[1] at
 groupByKey at <console>:23

scala> val rddtj=rddfz.map(x=>(x._1,x._2.sum))
rddtj: org.apache.spark.rdd.RDD[(String, Int)] = MapPartitionsRDD[2] at map
at <console>:23

scala> rddtj.collect()
res0: Array[(String, Int)] = Array((zhangsan,6500), (lisi,8000))
```

图 7-25　groupByKey( ) 示例

```
scala> val list1=List(("zhangsan",5000),("zhangsan",1500),("lisi",6000),("li
si",2000))
list1: List[(String, Int)] = List((zhangsan,5000), (zhangsan,1500), (lisi,60
00), (lisi,2000))

scala> val rddyg=sc.parallelize(list1)
rddyg: org.apache.spark.rdd.RDD[(String, Int)] = ParallelCollectionRDD[3] at
 parallelize at <console>:24

scala> val rddtj=rddyg.reduceByKey((x,y)=>x+y)
rddtj: org.apache.spark.rdd.RDD[(String, Int)] = ShuffledRDD[4] at reduceByK
ey at <console>:23

scala> rddtj.collect()
res1: Array[(String, Int)] = Array((zhangsan,6500), (lisi,8000))
```

图 7-26　reduceByKey (func) 示例

则为降序排列。例如，列表中存放了一些（key，value）键/值对，用该列表创建 RDD，然后对该 RDD 中的元素按照第二个字段降序排列，代码及执行结果如图 7-27 所示。

```
scala> val list2=List(("a",1),("b",5),("c",3),("d",2))
list2: List[(String, Int)] = List((a,1), (b,5), (c,3), (d,2))

scala> val rddl2=sc.parallelize(list2)
rddl2: org.apache.spark.rdd.RDD[(String, Int)] = ParallelCollectionRDD[5] at
 parallelize at <console>:24

scala> val rddsort=rddl2.sortBy(x=>x._2,false)
rddsort: org.apache.spark.rdd.RDD[(String, Int)] = MapPartitionsRDD[10] at s
ortBy at <console>:23

scala> rddsort.collect()
res2: Array[(String, Int)] = Array((b,5), (c,3), (d,2), (a,1))
```

图 7-27　sortBy( ) 示例

（7）union( )。union( ) 的参数是 RDD，它将两个 RDD 合并为一个新的 RDD，两个

RDD 中的数据类型要保持一致。例如，创建两个 RDD，并将这两个 RDD 合并成一个新的 RDD，代码及执行结果如图 7-28 所示。

```
scala> val rdda=sc.parallelize(Array(1,2,3))
rdda: org.apache.spark.rdd.RDD[Int] = ParallelCollectionRDD[11] at paralle
lize at <console>:23

scala> val rddb=sc.parallelize(Array(4,5))
rddb: org.apache.spark.rdd.RDD[Int] = ParallelCollectionRDD[12] at paralle
lize at <console>:23

scala> val rddc=rdda.union(rddb)
rddc: org.apache.spark.rdd.RDD[Int] = UnionRDD[13] at union at <console>:2
4

scala> rddc.collect()
res3: Array[Int] = Array(1, 2, 3, 4, 5)
```

图 7-28　union( ) 示例

（8）mapValues（func）。mapValues（func）对键/值对 RDD 中的每个 value 都应用函数 func，但是 key 不会发生变化。例如，将键/值对 RDD 中的每个 value 加 2，代码及执行结果如图 7-29 所示。

```
scala> val rddv=sc.parallelize(Array(("a",1),("b",2),("c",3)))
rddv: org.apache.spark.rdd.RDD[(String, Int)] = ParallelCollectionRDD[14]
at parallelize at <console>:23

scala> val rddmv=rddv.mapValues(x=>x+2)
rddmv: org.apache.spark.rdd.RDD[(String, Int)] = MapPartitionsRDD[15] at m
apValues at <console>:23

scala> rddmv.collect()
res4: Array[(String, Int)] = Array((a,3), (b,4), (c,5))
```

图 7-29　mapValues（func）示例

（9）keys。键/值对 RDD 中的每个元素都是（key，value）形式，keys 操作只会把键/值对 RDD 中的 key 返回，形成一个新的 RDD。

（10）values。键/值对 RDD 中的每个元素都是（key，value）形式，values 操作只会把键/值对 RDD 中的 value 返回，形成一个新的 RDD。例如，分别输出键/值对 RDD 中的每个元素的键和值，代码及执行结果如图 7-30 所示。

```
scala> val rddv=sc.parallelize(Array(("a",1),("b",2),("c",3)))
rddv: org.apache.spark.rdd.RDD[(String, Int)] = ParallelCollectionRDD[16]
 at parallelize at <console>:23

scala> rddv.keys.foreach(println)
b
c
a

scala> rddv.values.foreach(println)
2
3
1
```

图 7-30　keys 和 values 示例

7.4.4 RDD 编程实例

下面的例子程序是用 Spark 的 RDD 编程实现词频统计。

【例 7-3】 假设在 HDFS 的/test2 目录下，有多个文本文件，每个文件存储多个英文单词，单词之间用空格分隔。请统计每个单词出现的次数。

```scala
scala> val lines = sc. textFile("/test2")
scala> val rddfalt = lines. flatMap(x => x. split(" "))
scala> val wordCount = rddfalt. map(x => (x,1)). reduceByKey((a,b) =>
a +b)
scala> wordCount. collect()
scala> wordCount. foreach(println)
```

下面的实例是使用 RDD 操作完成学生成绩表的分析。

【例 7-4】 hadoop. txt 和 spark. txt 分别存储了同一个班的"Hadoop 基础"和"Spark 编程基础"成绩，其中第 1 列表示学号，第 2 列表示成绩。请在 Spark Shell 中通过编程来完成以下操作：

（1）从本地文件系统中加载 hadoop. txt。

```scala
scala> val hadoop1 = sc. textFile("file:///home/shxx/data/hadoop. txt")
```

（2）从本地文件系统中加载 spark. txt。

```scala
scala> val spark1 = sc. textFile("file:///home/shxx/data/spark. txt")
```

（3）查询学生 Spark 成绩中的前 3 名。

使用 map 转换数据，每条数据被分割成 2 列，表示学号和成绩，分隔符为"，"，存储为二元组格式，成绩要求转化为 int 类型。

```scala
scala > val m_spark = spark1. map{x => val line = x. split(",");
(line(0),line(1). trim. toInt)}
```

通过 sortBy() 对元组中的成绩列降序排序。

```scala
scala > val sort_spark = m_spark. sortBy(x => x. _2,false)
```

通过 take() 操作取出每个 RDD 的前 3 个值。

```scala
scala> sort_spark. take(3). foreach(println)
```

（4）查询 Spark 成绩 90 分以上的学生。

```scala
scala> val filter_spark = m_spark. filter(x => x. _2 > 90)
scala> filter_spark. foreach(println)
```

（5）查询 Spark 成绩的最高分和最低分。

```scala
scala> val  max_spark = m_spark. values. max
scala> val  min_spark = m_spark. values. min
```

（6）求 Spark 课程的平均成绩。

```
scala > val p1_spark = m_spark. values. map (x => (x,1.0))
     . reduce ((x,y) => (x. _1 + y. _1,x. _2 + y. _2))
scala > val p2_spark = p1_spark. _1/p1_spark. _2
```

（7）输出每位学生所有科目的总成绩。

```
scala> val m_hadoop = hadoop1. map{x => val line = x. split (",");
     (line (0),line (1). trim. toInt) }
scala> val union_hs = m_spark. union (m_hadoop)
scala> val all_score = union_hs. reduceByKey ((a,b) => a + b)
scala> all_score. foreach (println)
```

（8）输出每位学生的平均成绩。

```
scala> val pj_score = all_score. mapValues (x => x/2.0)
scala> pj_score. foreach (println)
```

7.5　IDEA 的安装和使用

IDEA 全称为 IntelliJ IDEA，是一个通用的集成开发环境。IntelliJ IDEA 在业界被公认为最好的 Scala 和 Java 开发工具之一。可以使用 IDEA 开发 Spark 独立应用程序。本节介绍 I-DEA 的安装和使用方法，并给出应用实例。

7.5.1　IDEA 的安装

1. 下载 IDEA 安装文件

下载 IDEA 的官方网站网址为 https://www.jetbrains. com/idea/download/#section = linux。单击 Community 下的 Download 按钮，下载最新的 IDEA 安装文件 ideaIC-2021. 3. 2. tar. gz。

2. 解压 IDEA 安装文件

假设 IDEA 安装在/user/soft 目录下，应将 ideaIC-2021. 3. 2. tar. gz 复制到/user/soft 目录下，执行命令 cd/user/soft，进入/user/soft 目录，如图 7-31 所示。执行解压命令 tar - zxvf ideaIC-2021. 3. 2. tar. gz，生成 IDEA 主安装目录 idea-IC-213. 6777. 52。

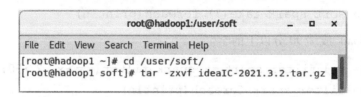

图 7-31　解压 IDEA 安装文件

3. 配置环境变量

执行命令 gedit /etc/profile，打开 profile 文件，增加如下代码：

```
export IDEA_HOME = /user/soft/idea-IC-213.6777.52
export PATH = $IDEA_HOME/bin: $ PATH
```

执行命令 source /etc/profile，使配置文件生效。

4. 安装 Scala 插件

执行命令 idea. sh，启动 IntelliJ IDEA。第一次启动 IntelliJ IDEA 会弹出 IntelliJ IDEA User Agreement 对话框，如图 7-32 所示。勾选 I confirm that I have read and accept the terms of this User Agreement，然后单击 Continue 按钮，跳转到 Data Sharing 对话框，如图 7-33 所示。

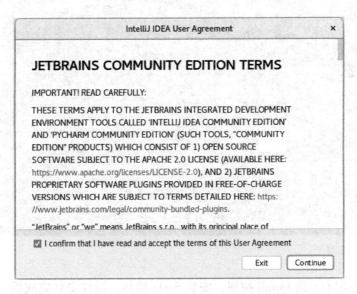

图 7-32　IntelliJ IDEA User Agreement 对话框

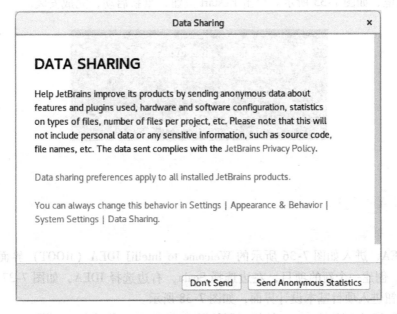

图 7-33　Data Sharing 对话框

单击 Don't Send 按钮，跳转到 Welcome to IntelliJ IDEA（ROOT）界面，单击左边的 Plugins 选项卡，准备安装插件，如图 7-34 所示。

图 7-34　安装 Scala 插件

单击 Scala 选项卡上的 Install 按钮，安装 Scala 插件。插件安装完成后，Scala 选项卡上的 Install 按钮变成了 Restart IDE 按钮。单击 Restart IDE 按钮，弹出 IntelliJ IDEA and Plugin Updates 对话框，如图 7-35 所示。单击 Restart 按钮，重新启动，完成安装。

图 7-35　IntelliJ IDEA and Plugin Updates 对话框

7.5.2　IDEA 的使用

1. 创建一个 Scala 项目

启动 IDEA，进入如图 7-36 所示的 Welcome to IntelliJ IDEA（ROOT）界面。单击 New Project 按钮，创建一个新的项目，左边选择 Scala，右边选择 IDEA，如图 7-37 所示。然后单击 Next 按钮进入项目基本设计界面，如图 7-38 所示。

单击图 7-38 右侧的 Create…按钮，开始导入 Scala SDK 依赖包，如图 7-39 所示。

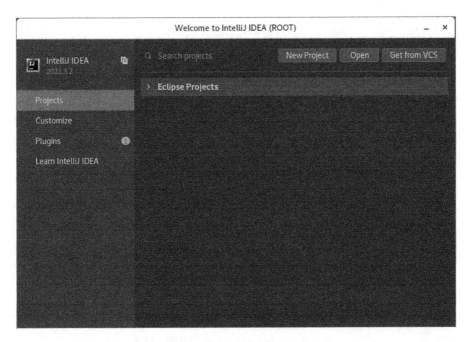

图 7-36　Welcome to IntelliJ IDEA 界面

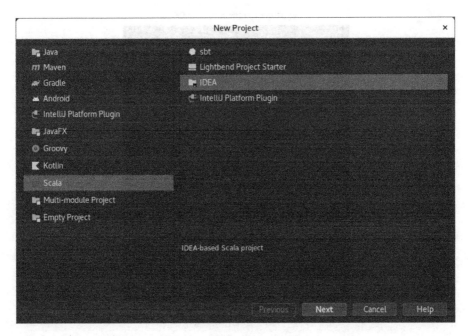

图 7-37　创建一个 Scala 项目

在图 7-39 中，单击 Browse…按钮，在弹出的 Scala SDK files 对话框中，展开目录，直到 /user/soft/scala-2.12.15/lib，然后选择所有 jar 包（单击第一个 jar 包，按住 < Shift > 键，再单击最后一个 jar 包），如图 7-40 所示。

单击 OK 按钮，返回 New Project 界面。假设项目取名为 Sparkcx（名字可任取），项目位

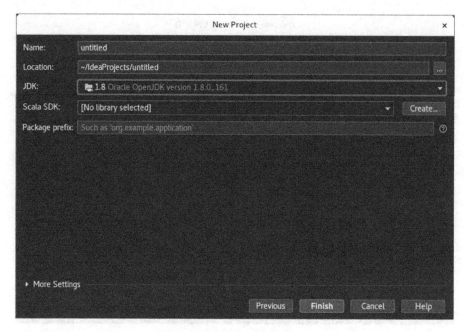

图 7-38　项目基本设计界面

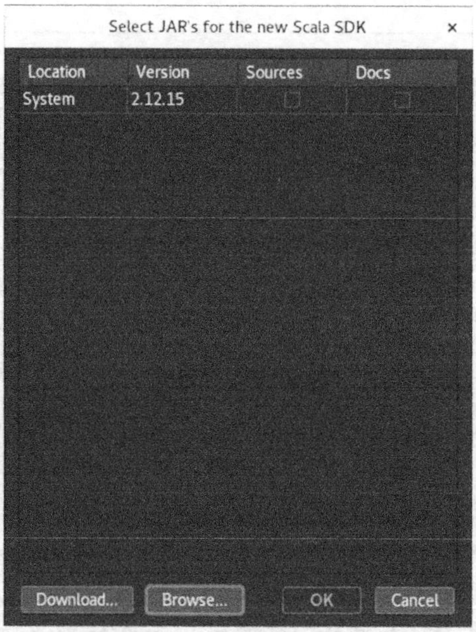

图 7-39　准备选择 Scala SDK 依赖包

置选择默认设置，如图 7-41 所示。同时可看到 scala-sdk-2.12.15 已被导入（Scala SDK 依赖包只需导入一次，后续创建 Scala 项目不必再次导入）。

单击图 7-41 中的 Finish 按钮，进入如图 7-42 所示的主界面。

下面开始程序设计，将鼠标放在图 7-42 中的 src 上，单击鼠标右键，选择 New→Package，如图 7-43 所示。

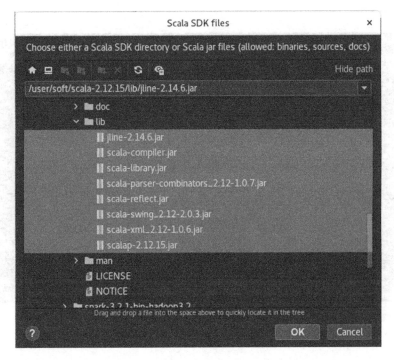

图 7-40　选择/user/soft/scala-2.12.15/lib 下的所有 jar 包

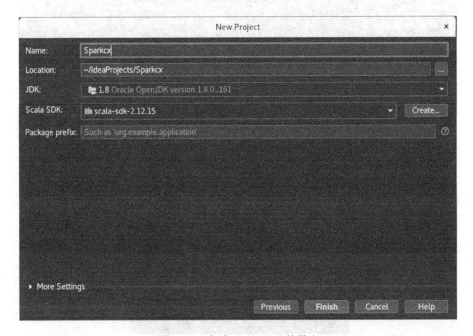

图 7-41　完成 Scala SDK 的导入

选择 Package 后，弹出如图 7-44 所示的对话框，输入包名后按 < Enter > 键，包创建完成。

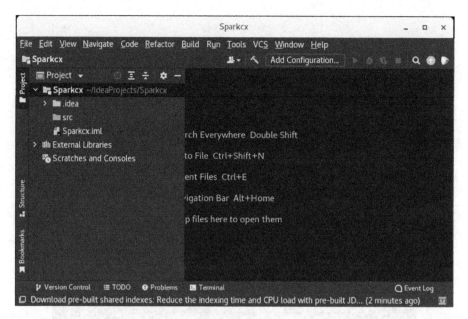

图 7-42　开发环境主界面

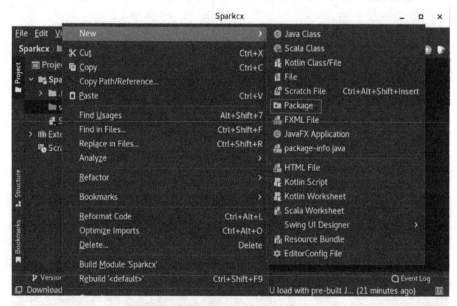

图 7-43　准备创建一个 Scala 包

图 7-44　输入 Package 的名称

2. 导入 Spark 依赖包

配置项目结构，导入 Spark 依赖包。在主界面选择 File→Project Structure，在弹出的对话框中选择 Libraries→ + →Java，如图 7-45 所示。

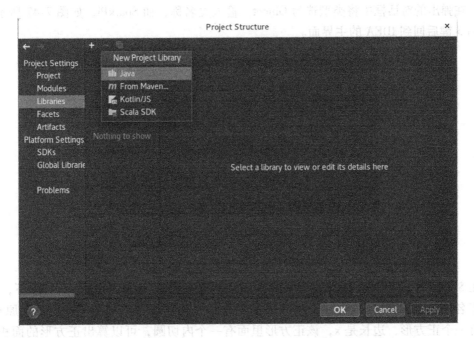

图 7-45　在 Project Structure 中选择 Java

单击 Java 后，弹出 Select Library Files 对话框，导入已安装的 Spark 目录下 jars 子目录内的所有 jar 包，如图 7-46 所示。多次单击 OK 按钮，回到 IDEA 主界面。

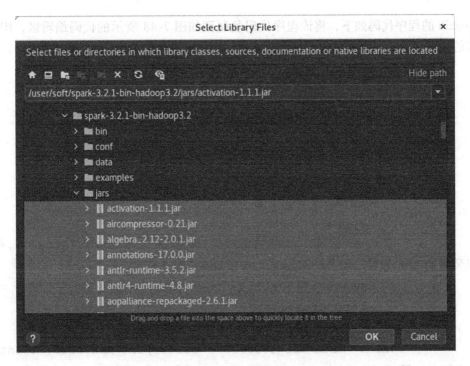

图 7-46　导入 Spark jars 目录下的所有 jar 包

接下来创建 Scala 类。用鼠标右键单击包名（ch7），弹出快捷菜单，选择 New→Scala Class，在弹出的对话框中将类型选为 Object，输入类名称，如 SparkPi，如图 7-47 所示。按 <Enter> 键后回到 IDEA 的主界面。

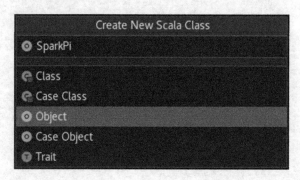

图 7-47　输入 Object 的名字

3. 程序的编辑和运行

在 $SPARK_HOME/examples/src/main/scala/org/apache/spark/examples 目录下，Spark 自带了名为 SparkPi 的例子程序，该例子采用分布式估算的方法求圆周率。计算原理为：假设有一个正方形，边长是 x，该正方形里面有一个内切圆，可以算出正方形的面积 S 等于 x^2，内切圆的面积 C 等于 $Pi \times (x/2)^2$，于是就有 $Pi = 4 \times C/S$。可以利用计算机随机产生大量位于正方形内部的点，通过点的数量去近似表示面积。假设位于正方形中点的数量为 Ps，落在圆内的点的数量为 Pc，则当随机点的数量趋近于无穷时，$4 \times Pc/Ps$ 将逼近于 Pi。

SparkPi 的程序代码如下，将该程序代码复制到如图 7-48 所示的代码编辑区，IDEA 自动生成的包语句不能删掉。把程序设置在本地运行，所以还要加上 .master（"local"）。

```scala
import scala.math.random
import org.apache.spark.sql.SparkSession
/** Computes an approximation to pi */
object SparkPi {
    def main(args:Array[String]):Unit = {
        val spark = SparkSession
            .builder
            .appName("Spark Pi")
            /** 如果在 IDEA 本地上运行需要加上 .master("local"),如果要
提交到 Spark 集群一定不能加 .master("local") */
            .master("local")
            .getOrCreate()
        val slices = if(args.length > 0)args(0).toInt else 2
        val n = math.min(100000L * slices,Int.MaxValue).toInt// a-
void overflow
```

```
        val count = spark.sparkContext.parallelize(1 until n,slices)
.map { i =>
            val x = random * 2-1
            val y = random * 2-1
            if(x * x + y * y < =1)1 else 0
        }.reduce(_ + _)
        println(s"Pi is roughly $ {4.0 * count/(n-1)}")
        spark.stop()
    }
}
```

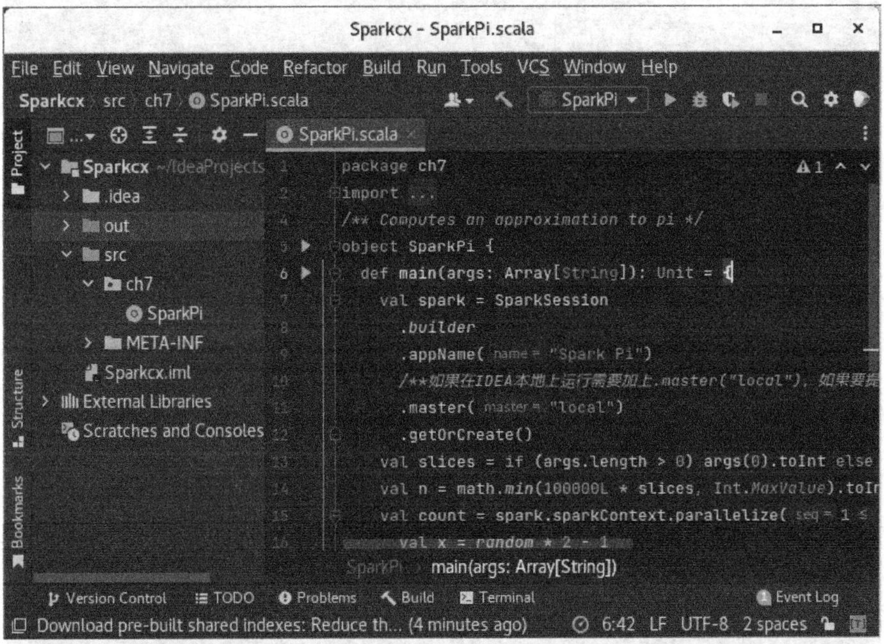

图 7-48   将代码复制到编辑区

在 IDEA 主界面，用鼠标右键单击编辑区中的 SparkPi 文件（任意位置），选择 Run SparkPi 即可运行程序。图 7-49 所示为程序运行的结果。由于使用了随机函数，所以再次运行这个程序的结果可能会有所不同。

4. 分布式环境下运行

分布式运行是指在客户端以命令行的方式向 Spark 集群提交 jar 包，程序在 Spark 集群上运行。下面介绍如何将程序 SparkPI 编译成 jar 包。

首先要去掉在本地运行时所添加的 .master（"local"），然后依次选择 File→Project Structure，在弹出的 Project Structure 对话框中依次选择 Artifacts→ + →JAR→From modules with dependencies，如图 7-50 所示。

单击图 7-50 中的 From modules with dependencies，弹出图 7-51 所示的对话框。将 Main

图 7-49　运行结果

图 7-50　Project Structure 对话框操作

Class 设置为 ch7. SparkPi，其余设置保持默认状态，单击 OK 按钮，弹出图 7-52 所示界面。

　　确定 Output Layout（输出布局）的设置，输出布局是指生成的 jar 包的内容和结构。用户可以创建目录和文档，增加或减少模块、库、包和文件等。可以仅留下 Sparkcx compile output 一项，其余删除，如图 7-53 所示。单击 OK 按钮，返回主界面。

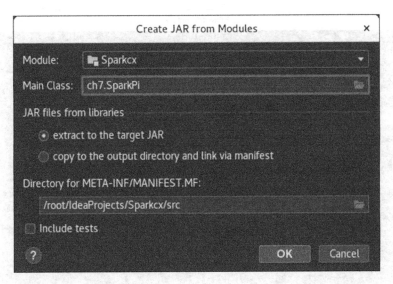

图 7-51　设置主类名等信息

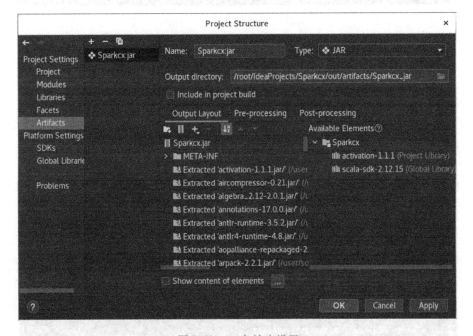

图 7-52　jar 包输出设置

选择主界面的 Build→Build Artifacts…，弹出如图 7-54 所示的选择框，选择 Sparkcx：jar→Build，编译生成 Sparkcx. jar 包。

从包输出目录将 Sparkcx. jar 复制到某个目录下，如/user/data。接着进入该目录，在确保 Hadoop 集群和 Spark 集群正常启动的前提下，执行命令 spark- submit - - class ch7. SparkPi - - master yarn - - deploy- mode cluster Sparkcx. jar，如图 7-55 所示。将 SparkPi 提交到 Spark 集群上运行。查看程序运行结果可参考 7.3.2 小节。

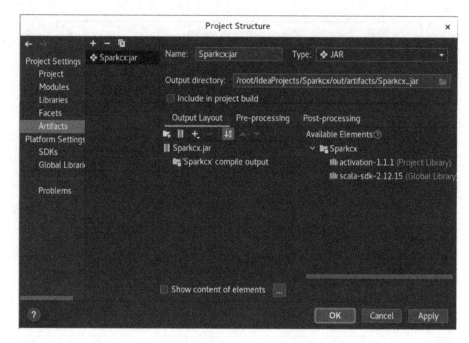

图 7-53　Output Layout 设置

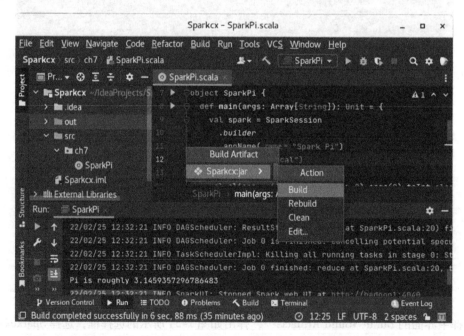

图 7-54　选择 Sparkcx：jar 和 Build 后开始编译

7.5.3　独立应用程序实例

下面例子也是统计词频，不过统计条件发生了变化，输出要求也有所不同，读者可以通过这个例子学习 Spark 独立应用程序的编程方法。

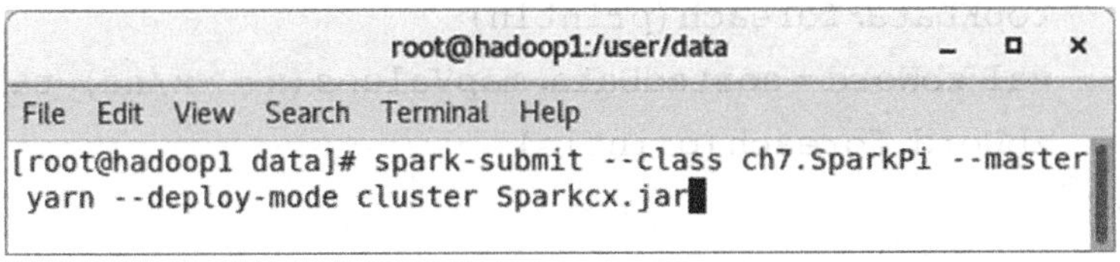

图 7-55 采用 yarn-cluster 模式提交的命令

【例 7-5】 假设有一个本地文件 word. txt，里面包含了很多行文本，每行文本由多个单词构成，单词之间用空格分隔。单词统计不区分大小写，求出现次数排前三的单词及出现的次数，并求出这些单词出现次数与总单词数之比。

测试数据 word. txt 存放在/user/data 目录下，文件内容如下：

```
hadoop Hadoop HAdoop
Spark spark a a a A b c
```

下列代码可完成本例功能，操作步骤请参看 7.5.2。

```scala
import org. apache. spark. SparkConf
import org. apache. spark. SparkContext
object WordCount {
    def main(args:Array[String]):Unit = {
        /** 创建 SparkConf 对象,存储应用程序的配置信息。如果在 IDEA 本
地上运行需要加上. setMaster("local"),如果要提交到 Spark 集群,编译前一定要
去掉. setMaster("local") */
        val conf = new SparkConf(). setMaster("local")
            . setAppName("wordcount")
        /** 创建 SparkContext 对象 sc */
        val sc = new SparkContext(conf)
        /** 设置日志级别为"WARN" */
        sc. setLogLevel("WARN")
        /** 从本地文件系统加载数据创建 RDD */
        val srcData = sc. textFile("file:///user/data/word. txt")
        /** 将所有单词转为小写,然后以空格为分隔符进行拆分 */
        val data = srcData. map(line => line. toLowerCase())
            . flatMap(x => x. split(" "))
        val n = data. count()
        val nd = n. toDouble
        val countWord = data. map(line => (line,1))
            . reduceByKey((a,b) => a + b)
        val sortedData = countWord. sortBy(_. _2,false)
        val topKData = sortedData. take(3)
```

```
            topKData. foreach(println)
            val zbWord = sortedData. mapValues(x => x/nd). take(3)
            zbWord. foreach(println)
        }
    }
```

程序运行结果如图 7-56 所示。

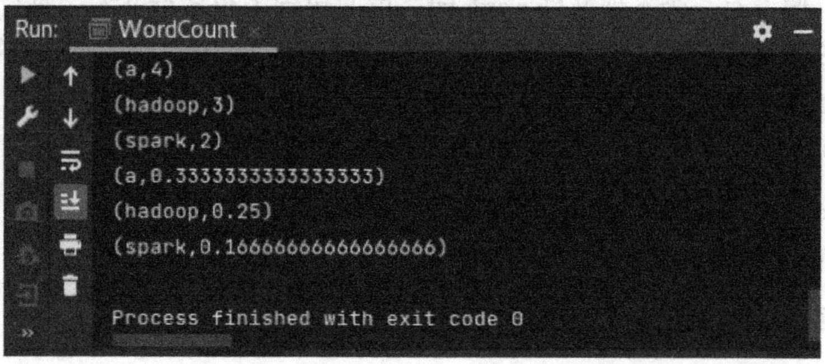

图 7-56   例 7-5 程序运行结果

7.6   本章小结

本章首先介绍 Spark 的相关概念、生态系统、运行架构和 Scala 基础知识。然后阐述 Spark 安装和 RDD 编程，并给出了在 Spark Shell 环境下的编程实例，最后介绍 IDEA 的安装和编写独立应用程序的方法。

习   题

7-1   试述 Spark 的主要特点。

7-2   Spark 运行架构包括哪些组件？

实验   Spark Shell 交互式编程

1. 实验目的

（1）熟悉 Spark Shell 交互式编程。

（2）掌握 Spark 的 RDD 基本操作。

2. 实验环境

操作系统：CentOS 7（虚拟机）。

Hadoop 版本：3.3.0。

JDK 版本：1.8。

Spark 版本：3.2.1。

3. 实验内容和要求

emp. txt 存储了员工信息，其中第 1 列表示姓名，第 2 列表示年龄。存储的数据如下所示：

```
Alan  35
Baron 52
Tom   57
Hell  46
Rose  28
Toms  39
Ani   25
```

根据以上的实验数据，请在 Spark Shell 环境下通过编程完成以下操作：

（1）从本地文件系统中加载 emp. txt。

（2）查询年龄排前 3 的员工。

（3）查询 50 岁以上的员工。

（4）查询最年轻的员工。

（5）求表中员工的平均年龄。

（6）查询年龄在 30 ~ 50 岁之间的员工。

参 考 文 献

[1] 张良均，樊哲，位文超，等. Hadoop 与大数据挖掘 [M]. 北京：机械工业出版社，2017.

[2] 林子雨. 大数据技术原理与应用：概念、存储、处理、分析与应用 [M]. 3 版. 北京：人民邮电出版社，2021.

[3] 林子雨，赖永炫，陶继平. Spark 编程基础：Scala 版 [M]. 北京：人民邮电出版社，2018.

[4] 黄东军. Hadoop 大数据实战权威指南 [M]. 北京：电子工业出版社，2017.

[5] 刘科峰，徐圣兵. Spark 编程基础课程教学改革与实践 [J]. 福建电脑，2022，38（2）：122-124.

[6] 徐鲁辉，周湘贞，李月军. Hadoop 大数据原理与应用 [M]. 西安：西安电子科技大学出版社，2020.

[7] 徐鲁辉，周湘贞，李月军. Hadoop 大数据原理与应用实验教程 [M]. 西安：西安电子科技大学出版社，2020.

[8] 安俊秀. Linux 操作系统基础教程 [M]. 北京：人民邮电出版社，2017.

[9] 张伟洋. Spark 大数据分析实战 [M]. 北京：清华大学出版社，2020.

[10] 牛搞. Hadoop 3 大数据技术快速入门 [M]. 北京：清华大学出版社，2021.

[11] 曾刚. 实战 Hadoop 大数据处理 [M]. 北京：清华大学出版社，2015.

[12] 千锋教育高教产品研发部. Hadoop 大数据开发实战：慕课版 [M]. 北京：人民邮电出版社，2020.

[13] 吴章勇，杨强. 大数据 Hadoop 3. X 分布式处理实战 [M]. 北京：人民邮电出版社，2020.

[14] 王宏志，李春静. Hadoop 集群程序设计与开发 [M]. 北京：人民邮电出版社，2018.

[15] 王秀友，丁小娜，刘运. Hadoop 大数据处理与分析教程：慕课版 [M]. 北京：人民邮电出版社，2021.

[16] 肖芳，张良均. Spark 大数据技术与应用 [M]. 北京：人民邮电出版社，2018.

[17] 黑马程序员. Hadoop 大数据技术原理与应用 [M]. 北京：清华大学出版社，2019.

[18] 文东戈，赵艳芹. Linux 操作系统实用教程 [M]. 2 版. 北京：清华大学出版社，2019.

[19] 千锋教育高教产品研发部. Linux 系统管理与服务配置实战：慕课版 [M]. 北京：人民邮电出版社，2020.

[20] 林子雨. 大数据导论：数据思维、数据能力和数据伦理　通识课版 [M]. 北京：高等教育出版社，2020.